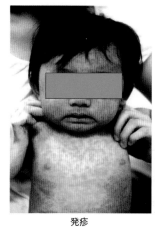

発疹　　　　　　　　　　　　　コプリック斑

口絵1　麻疹の臨床症状（p.101，図3.9）（岡藤小児科 岡藤輝夫氏提供）

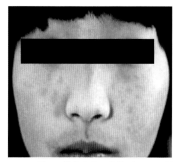
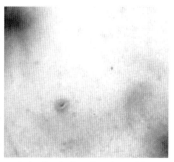

口絵2　修飾麻疹の症状（p.101，図3.10）（岡藤小児科 岡藤輝夫氏提供）

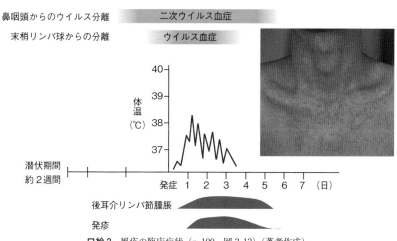

口絵3　風疹の臨床症状（p.109，図3.13）（著者作成）

歴史から読み解く
ワクチンのはなし
新たなパンデミックに備えて

中山 哲夫 ［著］
NAKAYAMA Tetsuo

朝倉書店

は じ め に

2019年12月初めに中国の武漢で原因不明の肺炎が見つかりました．12月31日に世界保健機関（WHO）にその流行が報告され，翌日にはその感染源と考えられた海鮮市場が閉鎖されました．2020年1月7日にはコロナウイルスが原因であることが判明し，その原因ウイルスをSARS-CoV-2（新型コロナウイルス），この新型コロナウイルス感染症をCOVID-19と呼ぶことになりました．

コロナウイルスは通常ヒトに感染すると上気道炎を起こす，いわゆる「風邪」の原因となるウイルスです．しかし，コロナウイルスは2002年には重症急性呼吸器症候群（SARS），2012年には中東呼吸器症候群（MERS）のアウトブレイク（突発的集団発生）を起こしました．SARSウイルスはキクガシラコウモリがもっているウイルスがハクビシンに感染し，それがヒトに感染したと考えられています．MERSウイルスはヒトコブラクダ由来と考えられています．一方，今回の新型コロナウイルスはその遺伝子の検査からコウモリ由来のウイルスと考えられており，コウモリからヒト，もしくは野生動物（センザンコウではないかといわれています）を介してヒトに感染したものと考えられます．当初はヒト-ヒト感染はないと言われていましたが，1月末にはヒト-ヒト感染が確認されました．武漢から日本に観光に来た中国人の感染のみならず，武漢からのツアー客を乗せた運転手への感染，2月5日にはクルーズ船ダイヤモンド・プリンセス号の乗客，乗務員への感染が報告されました．瞬く間に流行は日本，さらに世界へと広がり，3月11日にWHOはパンデミック宣言を発しました．当初，感染者は症状のない無症候性感染を含めた軽症例が80%，重症の肺炎例は15%，致死率は季節性のインフルエンザよりも高く3%前後と報告されました．その後も複数の変異株が出現し，ワクチンの複数回接種にもかかわらず，2022年12月末においても終息していないことは周知の通りです．

ウイルスによる感染症はCOVID-19だけでなく，過去にもエボラ出血熱，SARS，MERS，AIDS，高病原性鳥インフルエンザ，2009年H1N1型ブタ（由来）インフルエンザのパンデミックが社会問題となりました．しかし，感染症を引き起こすのはウイルスだけではありません．腸管出血性大腸菌O157による感染性食中毒の集団発生は大きな話題となりました．また，劇症型A群レンサ球菌感染症はヒト喰いバクテリアと呼ばれるなど，あたかもホラー映画のように取り沙汰されました．人類と感染症は有史以来長い付き合いになります．こうした新興感染症だけでなく，ワクチンが開発されてい

ながらも昔からある麻疹, 風疹, 結核, 百日咳などの疾患ですら完全にコントロールされているとはいえません.

1960年代からすぐれた抗菌薬が開発され, 細菌感染症は過去のものになると期待されました. しかしながら, メチシリン耐性黄色ブドウ球菌 (MRSA) のような耐性菌が出現したことで抗菌薬による治療に限界が生じたことから, 予防薬としてのワクチン開発へとシフトしてきました. ワクチンは「みんながかかる病気」,「かかる人は少ないけれどかかると重症化して死亡する病気」,「回復しても重篤な後遺症を残す病気」に対して開発されてきました. 最近では, 感染症だけでなくがん, 高血圧症, アレルギー, アルツハイマー病, リウマチといった疾患に対するワクチンも開発されています.

今回の新型コロナウイルスのように, 原因となるウイルスが見つかっても, なぜ病気になるのか, どうすれば予防できるのかといったことについてはまだ不明な点が多くあります. 診断薬や治療薬, とりわけワクチンに対する関心, 期待がかつてないほど高まっています. ワクチンは治療薬と異なり健康なヒトを対象に接種することになりますから, 治療薬に求められる以上に高い安全性が問われます.

ワクチンは感染症の病原体を用いて製造しますが, 一般の読者の皆さんにはよくわからないことが多いと思います. 新型コロナウイルスワクチンに関しては今までヒトにひろく使用されたことのない, 遺伝子情報を基盤にしたmRNAワクチンとウイルスベクターワクチンがいち早く承認され, いずれも高い有効性が認められました. しかし, 時間の経過とともに免疫能の持続, 変異株の出現に伴う追加接種と新たな課題が出てきました. 新規のワクチンであることからいろいろな情報が飛び交い, 誤解にともなう流言も拡散しています. 情報の正誤を見極めるためには正しい科学的なものの見方を養うことが必要となります.

ワクチンへの関心が今まで以上に高まると共に, COVID-19の国産ワクチンの開発が遅れたことから, 未知の感染症の流行に対する備えにも目が向けられています. いつ発生するかわからない感染症に対する危機管理対策として, ワクチンの開発研究のみならず, 迅速に開発研究を進めるためのシステムづくり, 感染症対策を担う人材育成が必要となります. 本書を読んで, ジェンナー, パスツール, コッホ, 北里といったワクチンの先駆者がどのように考えていたのか, また現行の各ワクチンの開発の経緯を知り, 感染症とワクチンに対する理解を深めていただければと思います.

2023年1月

中 山 哲 夫

目　　　次

I章　ワクチンの基礎知識································· *1*

1.1　まずは感染症を知ろう······························· *1*
1.1.1　感染症とは　*1* ／ 1.1.2　病原微生物には何があるか？　*3* ／ 1.1.3　さまざまな感染経路　*6* ／ 1.1.4　ウイルスの組織親和性　*8*

1.2　ワクチンって何？································· *10*
1.2.1　感染と発症は違うの？　*10* ／ 1.2.2　病原微生物に感染すると，なぜ発症するのでしょう？　*10* ／ 1.2.3　生ワクチンと不活化ワクチン　*12* ／ 1.2.4　抗体産生のメカニズム　*15* ／ 1.2.5　ワクチンの開発と製造　*17* ／ 1.2.6　添加物の種類とその役割　*20* ／ 1.2.7　アジュバントの役割と歴史　*23*

1.3　ワクチンの副反応と有害事象························· *25*
1.3.1　ワクチンの主反応と副反応と有害事象　*26* ／ 1.3.2　副反応はなぜ起きるのか？　*27* ／ 1.3.3　ワクチンとアレルギー　*28* ／ 1.3.4　最近問題となった副反応　*31* ／ 1.3.5　ワクチンに関連する誤解　*33* ／ 1.3.6　ワクチン接種への躊躇　*36* ／ 1.3.7　改めてワクチンの果たしてきた役割とは　*36*

1.4　我が国の予防接種の現状···························· *40*
1.4.1　現在の予防接種制度　*40* ／ 1.4.2　予防接種の変遷　*42* ／ 1.4.3　ワクチンギャップ　*46* ／ 1.4.4　筋肉注射と皮下接種　*48*

II章　ワクチンの歴史································· *53*

2.1　ワクチンの先駆者—ジェンナー······················ *54*
2.1.1　天然痘と人類の戦い　*54* ／ 2.1.2　ジェンナーと牛痘接種法　*57* ／ 2.1.3　種痘法の普及と改良　*60* ／ 2.1.4　種痘伝来—日本のワクチン政策の始まり　*62* ／ 2.1.5　天然痘根絶への道　*67*

2.2　狂犬病ワクチンの開発にいたるまで—パスツール············ *70*
2.2.1　腐敗と微生物　*70* ／ 2.2.2　感染症への挑戦　*72* ／ 2.2.3　動物ワクチンへの発想　*72* ／ 2.2.4　狂犬病ワクチン—初めてのヒト用ワクチンへの挑戦　*74*

2.3　細菌学の父—コッホ····························· *77*
2.3.1　病原体の発見がワクチン開発にもたらしたもの　*77* ／ 2.3.2　フランスとドイツの先陣争い　*77* ／ 2.3.3　コッホの発見—寒天培地と4原則　*80* ／ 2.3.4　抗体はどのように発見されたか　*81* ／ 2.3.5　コッホと結核菌　*86* ／

　2.3.6　結核ワクチンはその後どうなったのか？　*86*

2.4　自身も黄熱にかかりながら―野口英世とタイラー‥‥‥‥‥‥*87*
　2.4.1　黄熱と野口英世　*87*／　2.4.2　黄熱ワクチンとマックス・タイラー　*89*

III章　現在，我が国で使用されているワクチンについて説明しましょう‥‥‥‥‥‥*91*

3.1　結核と BCG‥‥‥‥‥‥‥‥‥‥‥‥‥‥‥‥‥‥‥‥‥‥*91*
　3.1.1　結核はいつ頃からあったのか？　*91*／　3.1.2　結核はどのような病気か　*91*／　3.1.3　近年の結核発生状況　*92*／　3.1.4　結核のワクチン BCG　*92*

3.2　ポリオワクチン‥‥‥‥‥‥‥‥‥‥‥‥‥‥‥‥‥‥‥‥*94*
　3.2.1　ポリオとは　*94*／　3.2.2　不活化ワクチンの開発　*95*／　3.2.3　生ポリオワクチンの開発　*96*／　3.2.4　世界と日本におけるポリオの疫学　*97*／　3.2.5　我が国のポリオの状況　*97*

3.3　麻疹と麻しんワクチン‥‥‥‥‥‥‥‥‥‥‥‥‥‥‥‥‥*99*
　3.3.1　麻疹とは　*99*／　3.3.2　麻疹の臨床症状　*100*／　3.3.3　修飾麻疹とは　*101*／　3.3.4　麻疹の合併症―麻疹脳炎と亜急性硬化性全脳炎　*101*／　3.3.5　麻しんワクチン開発の歴史①―麻疹ウイルスが分離される前　*102*／　3.3.6　麻しんワクチン開発の歴史②―麻疹ウイルスが分離されてから　*102*／　3.3.7　麻しんワクチン戦略の変遷　*103*／　3.3.8　麻疹の疫学　*104*／　3.3.9　なぜ，ワクチンを2回も受けないといけないの？　*106*／　3.3.10　世界の状況とこれからの麻疹をめぐる動向　*107*／　3.3.11　麻しんワクチンの副反応　*107*

3.4　先天性風疹症候群と風しんワクチン‥‥‥‥‥‥‥‥‥‥‥*108*
　3.4.1　風疹の症状とワクチン開発の歴史　*108*／　3.4.2　風疹の予防接種政策の変化と流行状況　*109*／　3.4.3　自然感染の合併症とワクチンの副反応　*112*／　3.4.4　世界の状況　*112*

3.5　ムンプスワクチン‥‥‥‥‥‥‥‥‥‥‥‥‥‥‥‥‥‥‥*113*
　3.5.1　ムンプスは男性不妊の原因になるのか？　*113*／　3.5.2　ムンプスの合併症　*114*／　3.5.3　ムンプスは何回も罹る病気なのか　*115*／　3.5.4　ムンプスワクチンの開発　*115*／　3.5.5　ムンプスワクチンの有効性と効果の持続期間　*116*／　3.5.6　MMR ワクチンのスキャンダル　*117*／　3.5.7　ムンプスの流行状況　*118*

3.6　水痘ワクチン‥‥‥‥‥‥‥‥‥‥‥‥‥‥‥‥‥‥‥‥‥*120*
　3.6.1　水痘と帯状疱疹　*120*／　3.6.2　水痘の合併症　*120*／　3.6.3　水痘ワクチンの開発　*120*／　3.6.4　帯状疱疹とワクチン　*121*

3.7　ロタウイルスワクチン‥‥‥‥‥‥‥‥‥‥‥‥‥‥‥‥‥*122*
　3.7.1　ロタウイルスとは　*122*／　3.7.2　ロタウイルスワクチン開発の歴史

123 ／　3.7.3　ロタウイルスワクチンの効果　*125*

3.8　インフルエンザ桿菌（Hib）ワクチン・・・・・・・・・・・・・・・・・・・・・・・・・・*126*
3.8.1　インフルエンザ桿菌の発見　*126* ／　3.8.2　インフルエンザ桿菌感染のメカニズムと症状　*126* ／　3.8.3　Hib 感染症の疫学　*127* ／　3.8.4　Hib ワクチン開発の歴史　*127* ／　3.8.5　Hib ワクチンの接種スケジュール　*128* ／　3.8.6　Hib ワクチンはなぜ必要なのか？　*129*

3.9　肺炎球菌感染症と PCV・・・*129*
3.9.1　肺炎球菌ワクチン開発の歴史　*130* ／　3.9.2　肺炎球菌ワクチンの効果　*132* ／　3.9.3　肺炎球菌ワクチンの接種スケジュール　*133*

3.10　百日せきワクチン・・*134*
3.10.1　百日咳の病原因子　*134* ／　3.10.2　百日咳の診断方法とその難しさ　*135* ／　3.10.3　ワクチン開発のはじまり　*136* ／　3.10.4　百日咳のサーベイランス（日本）*137* ／　3.10.5　百日咳のサーベイランス（米国）*138* ／　3.10.6　百日咳対策は新生児を守ること　*138* ／　3.10.7　百日せきワクチンのこれから　*139*

3.11　ジフテリア・破傷風トキソイドワクチン・・・・・・・・・・・・・・・・・・・・・*140*
3.11.1　原因菌の発見と毒素　*140* ／　3.11.2　ジフテリア・破傷風トキソイドワクチン　*141*

3.12　日本脳炎ワクチン・・*143*
3.12.1　日本脳炎とは　*143* ／　3.12.2　日本脳炎ワクチンと ADEM　*144* ／　3.12.3　日本脳炎ワクチンのこれから　*145*

3.13　B 型肝炎ワクチン・・*145*
3.13.1　肝炎とは　*146* ／　3.13.2　B 型肝炎ウイルスの発見　*147* ／　3.13.3　B 型肝炎ワクチンと抗 HBs ヒト免疫グロブリン　*147* ／　3.13.4　ワクチン接種制度　*148* ／　3.13.5　B 型肝炎集団訴訟　*150* ／　3.13.6　B 型肝炎以外の肝炎ウイルス　*151*

3.14　インフルエンザワクチン・・・・・・・・・・・・・・・・・・・・・・・・・・・・・・・・・・・・・*151*
3.14.1　インフルエンザウイルス　*151* ／ 3.14.2　インフルエンザパンデミックの歴史とウイルスの発見　*153* ／ 3.14.3　インフルエンザの症状と脳症　*155* ／ 3.14.4　抗インフルエンザ薬　*156* ／ 3.14.5　ワクチン開発の歴史　*157* ／ 3.14.6　現在の季節性インフルエンザワクチンとその限界　*158* ／ 3.14.7　副反応の心配　*160* ／ 3.14.8　新型インフルエンザとワクチン　*161* ／ 3.14.9　今後のインフルエンザワクチンの開発　*162*

3.15　ヒトパピローマウイルス（HPV）ワクチン・・・・・・・・・・・・・・・・・・*163*
3.15.1　ヒトパピローマウイルスとは　*163* ／　3.15.2　HPV の感染経路と子宮頸がん　*164* ／　3.15.3　HPV ワクチン　*164* ／　3.15.4　HPV ワクチン接種後の副反応　*166*

3.16　トラベラーズワクチン ･･･167

　　3.16.1　短期旅行者向けのトラベラーズワクチン　*168* ／　3.16.2　長期滞在者向けのトラベラーズワクチン　*169* ／　3.16.3　今後の課題　*170*

Ⅳ章　現在，これからのワクチン ･･････････････････････････････････171

4.1　ワクチンの現状と課題 ･･171
4.2　開発が期待される主なワクチン ･･････････････････････････････････172
　　4.2.1　RS ウイルスワクチン　*172* ／　4.2.2　ノロウイルスワクチン　*175*
4.3　これからのワクチン開発 ･･･176
　　4.3.1　ワクチン開発の新しい方向性　*176* ／　4.3.2　従来型ワクチンの進展
　　178 ／　4.3.3　日本の新規ワクチン開発への姿勢　*179*
4.4　新型コロナウイルスの登場 ･･･････････････････････････････････････180
　　4.4.1　パンデミック発生の経緯　*180* ／　4.4.2　コロナウイルスとは　*181* ／
　　4.4.3　新型コロナウイルスの感染メカニズム　*183*
4.5　新型コロナウイルスとそのワクチン ･･･････････････････････････184
　　4.5.1　ワクチン抗原の選択　*185* ／　4.5.2　プラットフォームの選択　*185* ／
　　4.5.3　罹患者の免疫応答と効果の持続　*188* ／　4.5.4　変異株の出現　*189* ／
　　4.5.5　ワクチン臨床治験　*192* ／　4.5.6　ワクチン接種と副反応　*193* ／　4.5.7
　　ブレークスルー感染　*195* ／　4.5.8　国産ワクチンの開発　*195*

おわりに ･･198
参考文献 ･･199
索　　引 ･･200

I 章　ワクチンの基礎知識

1.1　まずは感染症を知ろう

■1.1.1　感染症とは

　新型コロナウイルス感染症だけでなく，SARS や MERS，エボラ出血熱，鳥インフルエンザ，2009 年のブタ由来のインフルエンザなど，数々の感染症が新たに出現し，ヒトの生命を脅かしてきました．感染症は，細菌，ウイルスなどの病原体がヒトの体内に侵入することで引き起こされる病気のことをいいます．具体的な症状としては，発熱や鼻水，また咳といった呼吸器の症状や，下痢，嘔吐などの消化器症状，痙攣，意識障害といった神経症状までさまざまです．体内に病原体が侵入し，増殖することを「感染」といいます．感染しても症状が出ない場合もあります．例えば，急性灰白髄炎（ポリオ）は小児麻痺として知られていますが，麻痺を起こすのは数百の感染例のうちわずか 1 例で，多くは症状の出ないまま（不顕性感染といいます）で終わります．感染＝発症ではないことを覚えておいてください．

　また，細菌の中には常在細菌と呼ばれる，ヒトのからだに棲んでいるものもいます．これも感染の一種です．例えば，鼻腔，口腔にはレンサ球菌，肺炎球菌，髄膜炎菌などが常在細菌叢を形成しており，腸管にも大腸菌，ビフィズス菌をはじめ多くの細菌が共存しています．最近の研究では，こうした常在細菌叢が正常の免疫機能を維持し，病原微生物の体内への侵入を防ぐ働きをしていることが明らかにされています．

　日本の「感染症の予防及び感染症の患者に対する医療に関する法律（通称：感染症法）」という法律では，感染症の重症度，感染力の強さ，社会における危機感によって一類（最も危機感の強いもの）〜五類（比較的よくあるもの）まで分けられています（**表 1.1**）．

　新型コロナウイルスは，2002 年に発生した SARS ウイルス（SARS-CoV）によく似たウイルスとして SARS-CoV-2 と名付けられました．しかし，その性状，

表 1.1　感染症法におけるおもな感染症の分類

分類	特徴	おもな感染症（例）
一類感染症	重篤で感染力が強いもの，とくに危機感の強いもの	エボラ出血熱，天然痘，ペスト，ラッサ熱
二類感染症	重篤で感染力が強いもの	急性灰白髄炎（ポリオ），結核，ジフテリア，重症急性呼吸器症候群（SARS），中東呼吸器症候群（MERS），鳥インフルエンザ（H5N1，H7N9）
三類感染症	集団発生の可能性が高いもの，危険度は高くない	コレラ，細菌性赤痢，腸管出血性大腸菌，腸チフス，パラチフス
四類感染症	野生動物，蚊などが媒介する	E 型肝炎，A 型肝炎，狂犬病，デング熱，日本脳炎，マラリア，黄熱，サル痘
五類感染症	サーベイランス事業の対象	ウイルス性肝炎，急性脳炎，後天性免疫不全症候群（エイズ），侵襲性髄膜炎菌感染症，水痘（入院例に限る），梅毒，破傷風，百日咳，風疹，麻疹
	小児科定点報告の対象	RS ウイルス感染症，咽頭結膜熱，A 群溶血性レンサ球菌，感染性胃腸炎，水痘，手足口病，伝染性紅斑，突発性発疹，ヘルパンギーナ，流行性耳下腺炎
新型インフルエンザ等感染症	全国的かつ急速なまん延により国民の生命及び健康に重大な影響を与えるおそれがある，インフルエンザウイルスまたはコロナウイルスによる感染症	新型ならびに再興型インフルエンザ，新型コロナウイルス感染症
指定感染症	政令で指定（1 年限定）される，既知の感染症のうち一類から三類に準じた対応をすべき感染症	新型コロナウイルス感染症（令和 3 年 2 月 13 日施行の感染症法改正まで）
新感染症	未知の感染症で，重篤かつ生命や健康に重大な影響を与える恐れがある疾患	未知の感染症

感染力，重症度などが当初は不明でしたので二類相当の指定感染症に分類されました．

　「指定感染症」とは，新しい感染症への対策を法に基づき迅速に行うために期限付きで運用するように制定された分類です．有症状の感染者だけでなく無症状の感染者も設備の整った感染症指定病院に原則として入院する行政勧告の措置が執られます．就労制限，行動制限など，個人の権利が制限されますが，医療費は

かからずに食事や生活用品なども提供されます．2021年には見直しが議論され，現在は新型コロナウイルス感染症は「新型インフルエンザ等感染症」に分類されています．その内容としては，入院措置に対する罰則規定，自宅・宿泊療養の勧奨，厚生労働大臣と都道府県知事の権限強化などの変更があります（2021年改正法の施行）．

■1.1.2　病原微生物には何があるか？

　病原微生物には寄生虫，真菌，細菌，ウイルスがあります．

　寄生虫による代表的な感染症はマラリアです．マラリア原虫を持つハマダラカがヒトを刺すことで原虫がヒトの肝臓に寄生し，赤血球に感染し破壊することで発症します．マラリアを媒介する生物が蚊であることを突き止めたのは英国の医師R. ロスで，1897年のことです．彼はのちにこの功績でノーベル医学・生理学賞を受賞しています．淡水に生息する巻貝に潜んでいる住血吸虫なども，マラリアのように他の生物を介してヒトに感染する寄生虫です．蚊や巻貝のように，ヒトに感染症を起こす病原体を持っているような生物を中間宿主といいます．中間宿主に対し，ヒトを終末宿主といいます．今は少なくなっていますが，蟯虫や線虫といった寄生虫もあります．

　真菌というのは，いわゆるカビのことです．真菌による疾患で主なものとして，口の中や舌が腫れたり，腟がヒリヒリ痛んだりするカンジダ症，主に足の指にできる白癬（水虫）などがあります．

　ヒトに感染症を引き起こす病原微生物として，寄生虫や真菌と比べて圧倒的に多いのが細菌とウイルスです．細菌とウイルスの違いがよくわからない，という人も多いと思いますので，ここで詳しく解説しましょう．

　細菌とウイルスはどちらも目に見えない微生物ですが，大きさが全く異なり，両者の間には10〜100倍もの隔たりがあります．細菌は1 μm（マイクロメートル（μm）は1 mmの1/1000）程度で，一般的な光学顕微鏡で観察することができます．光学顕微鏡を自作して細菌などの微小生命体を最初に観察したのはオランダのレーウェンフックで，17世紀のことです．織物商の彼は，生地の品質検査をするためにルーペを使っていました．このルーペのレンズを磨くことで倍率を上げられることに気づき，細胞構造を観察し，酵母，カビの胞子，湖の水に動き回る微小生物を見つけました．しかし，まだこのような微小生物と病気との関

連性はわかっていませんでした．微小生命体と感染症病原体の探索は，19 世紀中頃になってコッホ，パスツールといった微生物の狩人が先陣争いを繰り広げることになります．

　一方，ウイルスは細菌と比べはるかに小さく，光学顕微鏡では見えないため電子顕微鏡で観察します．一般的な病原ウイルスのなかでは一番大きな天然痘ウイルスでも 300 nm（ナノメートル（nm）は 1 mm の 1/100 万）しかありません．最初にウイルスを発見したのはロシアのイワノフスキーです．タバコの葉に斑点ができて枯れる病気（タバコモザイク病）にかかった葉を集めてすりつぶし，素焼きの細菌濾過器に通したところ，得られた濾液でもタバコモザイク病を引き起こすことがわかったのです．濾過器を通過する，つまり細菌よりも小さい濾過性微小病原体としてタバコモザイクウイルスが発見されました．1892 年のことです．当時まだ電子顕微鏡はなく，人類がウイルスの実体をとらえるのは 20 世紀に入ってからです．

　細菌とウイルスのあいだにはもうひとつ，その増殖の仕方に大きな違いがあります．細菌は一部の細胞内寄生菌を除いて，細胞に感染することなく自分で増えることができます．菌が増えるために必要な栄養分を含んだ培養液や寒天培地などがあれば，人工的に細菌を増殖させることができます．他方，ウイルスは細胞に感染しないと増殖できません．ウイルスはその粒子の中に遺伝情報である RNA または DNA が詰まっており，生きている細胞に感染することでその細胞の代謝機能を拝借して自分の子孫を増やしていきます．1935 年に米国のスタンリーはタバコモザイクウイルスを大量培養し，結晶化することに成功しました．結晶化できるという性質から，ウイルスは生物なのか化学物質なのかという議論が起こりました．現在も明確な結論は出ておらず，「生命機能を持った高分子集合体」あるいは生物と非生物の境界に位置する存在と理解されています．

　古代ギリシャ時代，ヒポクラテスはウイルスという言葉を「病気を引き起こす毒」という意味で使っていたようです．イワノフスキーによるウイルスの発見以降，ヒトに感染する数多くのウイルスが同じ方法で見出されてきました．つまり，素焼き濾過器を通過する濾液を動物に接種しヒトに起こす病気と同じ症状を引き起こすことを確認するという方法です．動物としてはモルモットやマウスといった実験小動物が使われていました．インフルエンザウイルスの発見には，フェレットというイタチのなかまが使われました．こうした動物に接種して観察するの

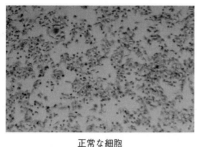

正常な細胞

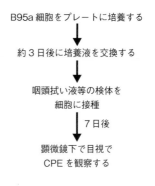

B95a 細胞をプレートに培養する

↓

約 3 日後に培養液を交換する

↓

咽頭拭い液等の検体を
細胞に接種

7 日後 ↓

顕微鏡下で目視で
CPE を観察する

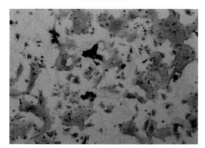

麻疹ウイルスの細胞変性効果

図 1.1　麻疹ウイルスの細胞変性効果（CPE）

には大変な労力がかかります．やがて動物個体としてニワトリの受精卵を用いて
ウイルスが分離できることがわかってきましたが，それでも結構大変な作業にな
ります．その後，20 世紀半ばごろに米国のエンダースによって動物の組織細胞
を培養する技術が開発されました．

　ウイルスが細胞に感染すると，その細胞はウイルスの種類によって特徴的な細
胞変性効果（cytopathic effect: CPE）を起こします．丸く膨らんで細胞が剥がれ
たり，周りの細胞と融合して巨細胞をつくったりします．ウイルスそのものは見
えませんが，こうした CPE の出現を観察することでウイルスの存在を知ること
ができます．図 1.1 は麻疹ウイルスの CPE です．図 1.1 の上の写真が正常の細
胞で，下の写真は麻疹ウイルスの CPE が認められる細胞です．感染した細胞が
融合して巨大な細胞になっています．身体の中でも同様の変化が起きています．
こうした方法で麻疹ウイルス，ムンプスウイルス，ポリオウイルスが分離され，
現代のワクチンの開発につながっていくことになります．

　このようにして，ヒトに感染するさまざまな病原体が分離・同定されてきまし
た．しかし，これでは終わりません．こうした病原体がどうやってヒトに感染す

るのか，動物や昆虫がどうやって媒介するのか，どうやって発症するのか，病原体が増殖することで発症するのか，それとも毒素を産生するのか，といった発症に至るまでの解析が必要となります．

■1.1.3　さまざまな感染経路

　病原体の感染経路は**表 1.2**のように分類することができます．

　経気道感染とは，病原体が鼻や口を経由して上下気道や肺に感染することをいいます．主に呼吸器感染症の感染経路として知られていますが，麻疹や水痘などの全身感染症でも経気道感染により伝播するものがあります．経気道感染の原因になるのが，患者の咳やくしゃみなどによる飛沫です．飛沫の中には病原体が含まれていて，5 µm 以上の大きな飛沫（飛距離が 1 m 前後）の場合は近くにいる

表 1.2　病原微生物の伝播経路と感染症

経気道感染	飛沫感染（飛沫接触感染）	〈5 µm より大きい粒子※1〉 インフルエンザ，RS ウイルス感染症，等
	空気感染	〈5 µm 以下の粒子※2〉 麻疹，水痘，結核
経口感染	汚染された飲食物	コレラ，サルモネラ症，腸管出血性大腸菌（O157）感染症，A 型肝炎，ノロウイルス感染症，ロタウイルス感染症
	糞口感染	急性灰白髄炎（ポリオ），ノロウイルス感染症
母児感染	胎児感染	先天性風疹症候群，サイトメガロウイルス感染症，トキソプラズマ症
	周産期感染	単純ヘルペスウイルス感染症，B 型肝炎，C 型肝炎，後天性免疫不全症候群
	母乳感染	サイトメガロウイルス感染症，HTLV-1 感染症
性感染		単純ヘルペスウイルス感染症，後天性免疫不全症候群，B 型肝炎，C 型肝炎
血液を介する感染		B 型肝炎，C 型肝炎，後天性免疫不全症候群，HTLV-1 感染症
節足動物が媒介する感染（アルボウイルス）		日本脳炎，デング熱，黄熱
哺乳動物の咬傷による感染		狂犬病

※1：5 µm より大きな飛沫は 1 m 前後に落下して目，鼻に付着する．
※2：小さな粒子は空気中を漂い，吸入すると下気道に達する．

人の鼻や口に直接到達し，上気道から経気道感染を起こします．さらに，飛沫中の水分が蒸発して 5 μm 未満になったものを飛沫核と呼び，空気の流れに乗って飛沫よりも遠くまで運ばれます．飛沫核を吸い込むと上気道に付着することはなく下気道まで侵入します．飛沫核感染は空気感染とも呼ばれます．

　病原体によって飛沫感染を起こすものと飛沫核感染を起こすものに分けられ，飛沫感染により広まる代表的な病原体としてインフルエンザウイルスと RS ウイルスがあります．インフルエンザウイルスは飛沫感染に加えて，衣服やテーブルなどに落ちた飛沫が手指に付着し，その手で顔や鼻に触れることで体内に侵入することも知られています（接触感染）．一方，飛沫核感染を起こす感染症は麻疹，水痘，結核の 3 つが代表的な疾患で，飛沫核のでき方はそれぞれ異なっています．麻疹は咳によって麻疹ウイルスを含む飛沫が生じ，それが乾燥して飛沫核となり拡散します．水痘の場合は咳が出ることはあまりなく，おもに身体全体にできる水疱が衣服などでこすれることで破れ，そこから飛び散った水疱内容液の粒子が乾燥して飛沫核となります．結核は患者の咳から出る飛沫が比較的大きいためいったん落下し結核菌がその場に長く留まりますが，乾燥してくると再び舞い上がり飛沫核となります．これを吸い込むと肺の奥まで届き，肺胞のマクロファージに感染します．

　新型コロナウイルスは，インフルエンザウイルスと同様に飛沫感染・接触感染が主な伝播経路と考えられていましたが，加えてエアロゾル感染という経路も明らかになりつつあります．これはウイルスを含む粒子（エアロゾル*1）がしばらくのあいだ空気中を漂い，それを吸い込んで感染するというものです．

　飛沫は大きな粒子もあれば小さな粒子も含んでいます．水分を多く含んだ粒子は，水分が蒸発して小さくなり，長く滞留します．新型コロナウイルス感染症をきっかけに新たな概念として提唱されたもので，まだ統一的な定義はありません．当初，ライブハウスでの感染拡大が問題視されました．観客が大声を出して声帯が振動することで小さな飛沫が排出され，それがエアロゾルとなって漂い，ライブハウスという密集，密閉，密接空間で感染クラスターが発生すると考えられており，したがって人数制限や換気対策が有効とされています．もちろんこれはライブハウスに限らず人が集まる空間すべてにおいて同様です．

---

*1　霧や花粉のように，粒子状で空中を浮遊する液体や固体のことをエアロゾルといいます．

　外界とつながって酸素を得るための呼吸器と同様に，生命維持のためのエネルギーを得る消化管も外界とつながっているため，経口感染を起こします．コレラは汚染された飲料水の摂取，サルモネラ症，腸管出血性大腸菌，ノロウイルス感染症は汚染された食品の摂取により発症します．また，発症した人が下痢便の排泄後の手洗いなどが不十分なままドアノブに触れたりすると，それに触れた他の人に感染を起こします．特にロタウイルスやノロウイルスは乳幼児に多く感染し，おむつの処理後の手洗いを厳密に行う必要があります．また，吐物が乾燥して舞い上がったりすることも感染の原因となります．

　母児感染は妊婦が感染することで新生児にも感染するもので，妊娠の早期にウイルス感染することで胎児奇形を起こす先天性風疹症候群や，分娩時に産道からウイルス感染する単純ヘルペスウイルス感染症があります．分娩時の感染症には血液を介するB型肝炎や，C型肝炎，後天性免疫不全症候群もあり，血液を介する感染症は性感染症と共通します．また，出産後の母乳を介する感染症として，サイトメガロウイルス感染症，ヒトT細胞白血病ウイルス1型（HTLV-1）感染症があります．こうして母親から胎児へ病原体が伝わることを垂直感染といいます．これに対して垂直感染でないもので，兄弟やまわりの人に感染することを水平感染といいます．新生児期は免疫機能が未熟であることからウイルスを排除できずに容易に感染してしまいます．B型肝炎ウイルスは感染してもすぐには発症せず，無症候性キャリア（症状のないままウイルスを持っている状態）が長く続く特徴があります．無症状でも唾液，汗にウイルスが含まれているため相撲やラグビーなどの激しいスポーツで周囲に感染を広めることになります．

　節足動物による感染症には，蚊が媒介する日本脳炎，デング熱，黄熱があります．

■1.1.4　ウイルスの組織親和性

　こうした感染経路の違いだけではなく，ウイルスには細胞親和性にも差があります．細菌は自己増殖するため，その増殖する組織を限定しないのに対して，ウイルスは感染する組織・細胞を選びます．ウイルスの表面にはエンベロープ蛋白*2やその他の蛋白があり，これが細胞に発現している受容体（レセプター）と結合して感染が始まります．ヒトの臓器別に親和性を持つウイルスが決まっています（表1.3）．例えば，中枢神経系に感染し脳炎を起こすウイルスとして，ヘルペスウイルス，日本脳炎ウイルス，狂犬病ウイルスが知られています．また，

表 1.3　疾患部位によるウイルスの分類

疾患の分類			ウイルス
中枢神経系	脳炎・髄膜炎	ヘルペスウイルス	単純ヘルペスウイルス（HSV），エプスタイン・バーウイルス，ヒトヘルペスウイルス 6（HHV-6），ヒトヘルペスウイルス 7（HHV-7）
		アデノウイルス	
		フラビウイルス	日本脳炎ウイルス，セントルイス脳炎ウイルス，ウエストナイル脳炎ウイルス
		トガウイルス	風疹ウイルス
		ピコルナウイルス	ポリオウイルス，エンテロウイルス
		パラミクソウイルス	ムンプスウイルス，麻疹ウイルス
		オルソミクソウイルス	インフルエンザウイルス
		ラブドウイルス	狂犬病ウイルス
	遅発性ウイルス感染	麻疹ウイルス	SSPE（subacute sclerosing panencephalitis; 亜急性硬化性全脳炎）ウイルス
		JC ウイルス	PML（progressive multifocal leukoencephalopathy; 進行性多巣性白質脳症）ウイルス
		ヘルペスウイルス（感染性ミオパチー，脳症を引き起こす）	HTLV-1，HIV
呼吸器系		アデノウイルス	
		レオウイルス	
		パラミクソウイルス	パラインフルエンザウイルス，麻疹ウイルス，RS ウイルス
		オルソミクソウイルス	インフルエンザウイルス
		コロナウイルス	
		ライノウイルス	
肝臓（肝炎）		ピコルナウイルス	A 型肝炎ウイルス
		ヘパドナウイルス	B 型肝炎ウイルス
		フラビウイルス	C 型肝炎ウイルス
		カリシウイルス	E 型肝炎ウイルス
腸管系		ピコルナウイルス	エンテロウイルス
		カリシウイルス	ノロウイルス
		アストロウイルス	
		レオウイルス	ロタウイルス
		アデノウイルス	
皮膚		ポックスウイルス	
		ヘルペスウイルス	単純ヘルペスウイルス（HSV），水痘・帯状疱疹ウイルス（VZV）
		パピローマウイルス	ヒトパピローマウイルス
血液		レトロウイルス	HTLV-1，HIV
		その他	

中枢神経系の細胞に感染して数年にわたり潜むウイルスとして麻疹ウイルスがあり，麻疹の合併症として亜急性硬化性全脳炎を発症する原因となります．呼吸器系に親和性のあるウイルスはたくさんの種類があり，咽頭炎や肺炎を起こします．腸管系のウイルスとして，下痢を起こすロタウイルス，ノロウイルス，肝炎を起こすウイルスがあります．このように臓器別に親和性を持つウイルスが決まっています．

1.2　ワクチンって何？

■1.2.1　感染と発症は違うの？

　感染とは病原微生物が体内に侵入することです．病原微生物に感染してもみんなが熱が出たり，発疹が出たりと具合が悪くなるわけではありません．感染した細菌やウイルスが増殖して熱や咳，下痢などの症状が出る場合に顕性感染と呼びます．一方，感染しても発症せずに済む場合を不顕性感染と呼びます．風疹やおたふくかぜ（ムンプス）では特に乳幼児期に感染すると不顕性感染のケースがよくあります．また，微熱で終わって典型的な症状が出なくて気付かないケースもあります．繰り返しますが，「感染＝発症」ではないのです．

■1.2.2　病原微生物に感染すると，なぜ発症するのでしょう？

　ヒトは3層の生体防御システムを持っています（図1.2）．ヒトの身体の表面は皮膚，粘膜に覆われています．第一層の皮膚や粘膜は外界からの微生物の侵入に対して物理的なバリアーとして働きます．

　鼻咽頭から呼吸器，口腔から消化器，生殖器は粘膜に覆われており外界とつながっています．粘膜は皮膚とともに第一層としても働きますが，病原性の微生物が侵入すると第二層として自然免疫が働く場所でもあります．自然免疫とは侵入してきた微生物の種類にかかわらず（これを非特異的といいます），それを異物として認識して攻撃するしくみのことです．好中球，マクロファージ，ナチュラ

＊2　ウイルスのなかには，宿主細胞で増える時にウイルスの外側の蛋白と細胞膜の脂質二重膜を被って細胞から出芽するものがあります．こうしたウイルスの外側の蛋白（エンベロープ）を持ったウイルスをエンベロープウイルスといいます．麻疹ウイルス，風疹ウイルス，ムンプスウイルスが代表的なエンベロープウイルスです．アデノウイルスのようにエンベロープを持たないウイルスもあります．一般的にエンベロープを持っているウイルスは消毒薬で感染力が低下します．

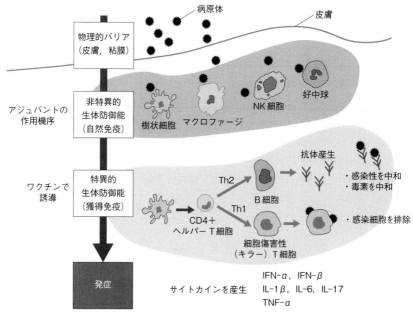

図 1.2 ヒトにおける生体防御システム

ルキラー (natural killer: NK) 細胞[*3] が微生物を貪食し炎症反応が起こります.
こうした炎症反応は自然免疫応答によりサイトカインを産生し,炎症性サイトカ
インは発熱などの症状に関連します.

　自然免疫反応だけでは排除されなかった微生物は,本来無菌の状態である血液,
髄液,尿,また,中枢神経,肝臓,腎臓などの組織に侵入し重症感染症を起こし
ます.この段階になると,ヒトの身体は次のステップとして侵入した病原体に対
して特異的に働く獲得免疫を誘導します.多くの感染症はこうした一連の免疫応
答により病原体が排除され,急性感染で終わります.

　ところが,ウイルスの中にはこうした急性感染が終わった後も細胞に持続感染
してあとから症状が出てくるものがあります.例えば,皮膚に水疱ができて激し
い痛みを伴う帯状疱疹という病気があります.この病気を引き起こす水痘帯状疱

---

*3　NK 細胞は自然免疫を担う重要な細胞で,早期の感染細胞,がん細胞を攻撃し,CD16,CD56 を発現
しています.がん細胞やウイルス感染細胞など異常な細胞を認識して攻撃し,細胞内に存在するパーフォリ
ンを放出して,感染細胞,がん細胞に穴を開け,細胞を排除します.また,細胞内に存在するグランザイム
によりアポトーシスを誘導します.特異的な T 細胞による細胞傷害 (CTL) とは異なり,ウイルス特異的
な免疫応答ではないため特異性はありません.

疹ウイルスは小さい時にかかった水痘（みずぼうそう）に由来します．この水痘ウイルスは水痘が治った後で脊髄の知覚神経節の細胞に持続感染しています．がんの治療や，加齢，ストレス，疲労などで免疫能が低下した時に再活性化されて，潜んでいた神経節の支配する皮膚の領域に帯状疱疹として発症します．

　前述のB型肝炎ウイルスも乳児期，特に新生児期に感染すると免疫能が未熟でウイルスを排除することができず，急性発症することなく肝臓の細胞の中に持続感染し，やがて慢性肝炎，肝硬変，肝がんへと進行する場合があります．

　このように疾患の発症には，病原体と生体の防御反応としての免疫応答とのバランスが関与しています．免疫応答は発症をくいとめる働きだけでなく，発症した場合の治癒に向けても働きます．感染症が治ることは感染した病原体を排除することです．

　ワクチンはこうした生体の免疫応答のうち，獲得免疫応答のしくみを利用して感染予防，発症を阻止，または症状の軽減化を目指すものです．獲得免疫には毒素を中和したり，病原体の感染性を中和する液性免疫（抗体）と，感染した細胞を排除し感染の拡大を抑える細胞性免疫を誘導するという2つの作用があります（**図1.3**）．

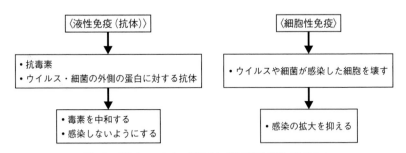

図1.3　感染症・ワクチン接種でなぜ免疫能を獲得できるのか

■1.2.3　生ワクチンと不活化ワクチン

　現在使われているワクチンはその性状から大きく生ワクチンと不活化ワクチンに分けられます（**表1.4**）．生ワクチンは弱毒化ワクチン，弱毒ワクチンとも呼ばれ，その名称から想起されるようにウイルスや細菌の病原性を人工的に低下させる処置（弱毒化）を施したものです．生ワクチンは病原性が減弱されています

表 1.4　生ワクチンと不活化ワクチン

	生ワクチン	不活化ワクチン
主成分	弱毒生ウイルス，弱毒生菌 （生体内で増殖）	不活化したウイルス，細菌の成分，感染防御抗原 （生体内で増殖しない）
免疫応答	細胞性免疫，液性免疫	基本的には液性免疫
持続時間	長期間	短期間
接種回数	1 回	複数回
費用	安価	高価
臨床反応	軽い感染，増殖期に副反応	全身反応は少ない，局所反応
種類（ワクチン名）	BCG，麻しん，風しん，水痘，ロタウイルス，流行性耳下腺炎（おたふくかぜ，ムンプス），黄熱 〔麻しん・風しん混合，コレラ，インフルエンザ，腸チフス〕	ジフテリア・百日咳・破傷風混合（DPT），ポリオ（IPV），ジフテリア・破傷風混合トキソイド（DT），日本脳炎，肺炎球菌，インフルエンザ菌 b 型，B 型肝炎，ヒトパピローマウイルス，A 型肝炎，狂犬病

〔　〕内は外国で使用されている生ワクチン

が感染性を保持しており，ヒトに接種されると自然感染と同じように身体の中で増殖することで細胞性免疫，液性免疫の両方の免疫能を誘導し，軽く感染した状態をつくり出します．原則として 1 回の接種で強固な免疫を長期に誘導できる長所があります．また，製造コストが安価であることも利点となります．短所として，病原性は弱毒化されてはいるものの身体の中で増殖するために副反応が生じることがあります．

　現在我が国ではウイルスのワクチンとして麻しん・風しん混合（MR）ワクチン，麻しんワクチン，風しんワクチン，ムンプスワクチン，水痘ワクチン，ロタウイルスワクチン，細菌のワクチンとして BCG が生ワクチンとして使用されています．外国では麻しん・風しん・ムンプス（MMR），麻しん・風しん・ムンプス・水痘の 4 種混合生ワクチン（MMRV），経鼻弱毒生インフルエンザワクチンが既に認可されています．

　これに対し，不活化ワクチンはウイルスや細菌の感染する能力を人工的に失わせたものです．生ワクチンと異なり身体の中で増殖しないため通常では細胞性免疫能を誘導することは期待できませんが，抗原（病原体の外側にあり，細胞に感染する時に働く物質や病原性を発揮する物質）を接種することで抗体をつくり出し，液性免疫を誘導することによって予防効果を狙うものです．不活化ワクチン

表1.5　不活化ワクチンの種類と予防できる感染症

全粒子不活化ワクチン	日本脳炎，A型肝炎，狂犬病
精製蛋白ワクチン	百日咳，Hib（インフルエンザ菌b型）感染症，肺炎球菌感染症，髄膜炎，インフルエンザ
トキソイドワクチン	破傷風，ジフテリア
遺伝子組換え精製蛋白ワクチン	B型肝炎，子宮頸がん，帯状疱疹

はすべての感染症，病原体に対してつくり出せるわけではありません．抗体によって感染・発症を予防できる疾患が対象となります．

　また，不活化の方法もいくつかあり，それによって不活化ワクチンはさらに細分化されます．ウイルス粒子をそのまま不活化したもの（全粒子不活化ワクチン），細菌やウイルスの外側に存在し，感染する際に働く蛋白成分を精製したもの（精製蛋白ワクチンなど），細菌が産生する毒素が発症に関与するタイプの疾患において，この毒素を不活化したもの（トキソイドワクチン），感染防御に関連する抗原蛋白を遺伝子組換え操作により酵母などで発現させ精製したもの（遺伝子組換え精製蛋白ワクチン）があります（**表1.5**）．

　近年承認されたインフルエンザ菌b型（Hib），肺炎球菌，髄膜炎菌のワクチンは，細菌の一番外側にある莢膜多糖類という物質を抗原として利用しようとしていました．しかし，単独では抗体をつくり出す反応が十分に起こらないことがわかりました．そこで細胞性免疫能を刺激する蛋白として，それぞれ破傷風トキソイドの一部，ジフテリアトキソイドの一部を結合させ，結合型（conjugate）ワクチンという新しい形で誕生しています．

　不活化ワクチンでは接種された抗原が生体内で増殖しないため，有効な抗体を産生するには複数回の接種が必要であること，細胞性免疫能を誘導できず免疫能の持続期間も短いことといった欠点が挙げられます．抗原蛋白の感染防御に関与する領域を特定したサブユニットワクチンや抗原蛋白を20〜30のアミノ酸まで切り込み合成したペプチドワクチンも開発されていますが，残念なことに抗原を切り込んで小さくすると免疫原性[*4]が低くなり，免疫効果を高めるためにアジュバントを使用することになります．アジュバントはワクチン抗原と同時に接種され免疫応答の誘導を助ける働きを持つ物質です．抗体産生，細胞性免疫能の両

[*4]　ウイルスなどの異物が体内に侵入した際，ヒトの身体に免疫応答を引き起こす能力のこと．ここでは抗原が抗体産生や細胞性免疫能を引き起こす能力をいいます．

方を刺激し安全性の高いアジュバントの開発が重要課題となります.

■1.2.4　抗体産生のメカニズム

　血液の中には白血球,リンパ球,血小板,赤血球といった細胞成分があります.
その中でもリンパ球は特別な働きをしています.リンパ球には,大きく分けてB
リンパ球(B細胞)とTリンパ球(T細胞)の2種類があります.B細胞は抗
体産生をつかさどっています.T細胞には次の3種類があります.

　①ヘルパーT細胞:Bリンパ球の抗体産生能を増強する働きを持つ.
　②キラーT細胞:細胞傷害性T細胞(cytotoxic T lymphocyte: CTL)ともい
　　う.細胞性免疫能をつかさどり,病原体に感染した細胞を排除する働きを持
　　つ.
　③レギュラトリーT細胞:制御性T細胞(regulatory T cell: Treg細胞)と
　　もいう.免疫応答が暴走しないように調節する働きを担う.
　抗原提示細胞(樹状細胞)は皮下,気道などに存在し抗原を取り込んで細胞表
面のMHC(major histocompatibility complex; 主要組織適合抗原複合体[*5])に
抗原に由来する10個前後のアミノ酸を提示します.

　抗体産生において中心的な役割を担うB細胞は,生まれた時から数千万種類
の抗体をつくる準備が整っています.B細胞には抗原エピトープ(B cell
epitope,抗原決定基ともいう:抗体が抗原を認識する際に目印となる抗原表面
の一部分のこと)に対応するB細胞受容体(B cell receptor: BCR)が存在し,
鍵と鍵穴の関係で特定の抗原と結合し,細胞内に抗原を取り込みます.そして抗
原に対応する抗体産生の指令を出します.抗原提示細胞に取り込まれた抗原は分
解されてMHC Ⅱに提示され,これを認識したヘルパーT細胞前駆細胞に分化し,
これがサイトカインを産生します.このサイトカインが抗体産生のシグナルとな
り,B細胞が形質細胞(プラズマ細胞という抗体を産生する機能を有する細胞)
に分化し,抗体がつくり出されるというしくみです.このプラズマ細胞の一部は
免疫記憶細胞として残り,次に同じ病原体が侵入してきた時にすぐ反応できるよ

[*5]　MHCは赤血球を除く多くの細胞の表面に発現してクラスⅠ,Ⅱが存在し異なる機能を持っています.
自己の抗原に対しては反応せず病原体などの外来ペプチド(10個前後のアミノ酸)を提示したMHC Ⅰは
キラーT細胞に認識され,MHC Ⅱに提示された抗原ペプチドはヘルパーT細胞に認識され抗体産生の指
令を出します.

うになっています.

　さらにこの時,皮膚や鼻腔,腸管など全身に存在する樹状細胞も重要な役目を発揮しています.樹状細胞は体内に侵入した病原体やワクチン抗原を取り込んで分解し,同様に MHC II に提示します.これをヘルパー T 細胞前駆細胞が認識してヘルパー T 細胞に分化し,サイトカインを産生することによってさらに B 細胞の抗体産生を助けるというわけです(**図 1.4**).

　また,免疫応答により産生されるサイトカインの働きにより,レギュラトリー T 細胞の前駆細胞が活性化されます.レギュラトリー T 細胞は,抗体産生に伴って過剰な免疫応答を起こさないよう,適度に調節する役目を担っています.

　以上が抗体産生のメカニズムです.ついでに,獲得免疫において抗体産生と同じく重要な細胞性免疫能について簡単に説明しておきます.感染した抗原提示細胞内で分解された抗原は MHC I に提示され,これを未分化のキラー T 細胞前駆細胞が認識してキラー T 細胞に分化します.これがウイルスに感染した細胞を殺す働きをするというしくみです.感染細胞を排除したあともキラー T 細胞の一部は残り,メモリー T 細胞として次回の侵入に備えます.

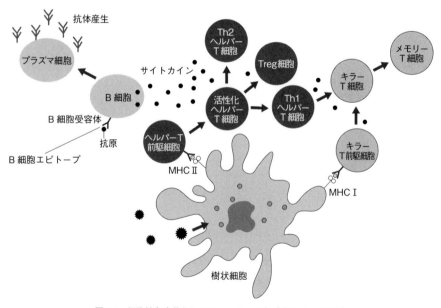

図 1.4　細胞性免疫能としてのヘルパー T 細胞とキラー T 細胞

獲得免疫（抗体産生および細胞性免疫）において，1.2.2項で説明した自然免疫は無関係のように思えますが，実は近年，獲得免疫の誘導に自然免疫の果たす役割が注目されています．自然免疫は非特異的に侵入してきた異物を攻撃すると説明しましたが，実は自然免疫を担うマクロファージや樹状細胞などはパターン認識受容体と呼ばれるものを持っており，特定の病原体の抗原表面に共通して存在する成分によって，大まかに認識していることがわかってきています．その成分に反応してサイトカインを産生し，抗体産生や細胞性免疫誘導を橋渡ししているのです．

■1.2.5　ワクチンの開発と製造

1.2.3項で述べたように，ワクチンには大きく分けて生ワクチンと不活化ワクチンの2種類があり，つくり方もそれぞれ異なります．

1) 生ワクチン

生ワクチンは人工的に弱毒化した菌やウイルスを使用します．感染したヒトから分離した病原体をヒト以外の動物細胞で何十代にもわたり培養を繰り返すことで弱毒株を開発します．しかし，その過程で病原性とともに免疫原性まで失われてしまうことも多く，ただ闇雲に培養を繰り返せばよいわけではありません．さまざまな条件（ヒトの体温より低い温度）で培養を繰り返し，免疫原性を維持しつつヒトに接種しても問題ない程度に弱毒化した株を探索します．さらに諸条件を検討・調整したうえで臨床試験（治験）を実施して，最終的に薬機法に基づき厚生労働省の承認を得て，ようやく製造販売に入ることができます．

次に，生ワクチンの製造方法を紹介しましょう（**図1.5**）．まず，弱毒生ウイルスワクチンでは前述の開発段階で得られたワクチン製造用弱毒ウイルスを，それぞれ培養用として認可されている培養細胞に接種します．ウイルスが細胞内で増殖しはじめると細胞には顕微鏡で観察できる形態上の変化が現れます．これを細胞変性効果（CPE, p.5 参照）といいます．CPE が観察されたらいったん培養細胞を洗って培養液を交換したのち，さらに培養を続けます．ウイルスは増殖するにつれて培養液中に放出されてくるので，これを集めて遠心分離により細胞成分を除去・精製することでワクチン原液とします．ワクチン原液の一部は国立感染症研究所に送られ，国家検定が行われます．検定に合格したら市販用ワクチンとしてバイアル（小瓶）に充填し，凍結乾燥します．出来上がったワクチンから

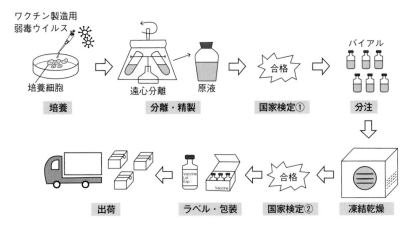

図1.5　弱毒生ウイルスワクチンの製造方法

　無作為に抜き取ったバイアルを二度目の国家検定に供出し，定められた効果を発揮するか，無菌状態で充填されているかなど，いくつもの検定項目に合格したら最終製品として販売が許されます．ちなみに，生ワクチンは液体状態で長期間保管すると不活化される可能性があるため，ワクチンの効果を長期間維持して保存できるように糖を含んだ安定剤等が添加されます．さらに，凍結乾燥により水分を飛ばして固形化され，使用時に別添の溶解液で溶かして使用するしくみになっています．

　生ワクチン，不活化ワクチン（後述）ともに我が国では最終原液と最終製品が国家検定されて出荷されます．

2) 不活化ワクチン

　不活化ワクチンは，病原体やその断片，あるいは病原体の産生する毒素を人工的に不活化処理をしてヒトに接種できる状態に変えたものです．ウイルスの場合は，まず培養細胞などに接種して増殖させ，遠心分離によって分離・精製します．ここまではほとんど生ワクチンと同じですが，そのあと破砕したり薬品を加えたりして物理的あるいは化学的に不活化処理がなされます．その後はバイアルに分注して防腐剤を加え，国家検定を経て市販されます．

　細菌の場合は細胞培養ではなく合成培地で増殖させ，感染防御に関連する成分を分離・調整してワクチンとして使用します．

　インフルエンザウイルスのワクチンも不活化ワクチンですが，前述した培養細

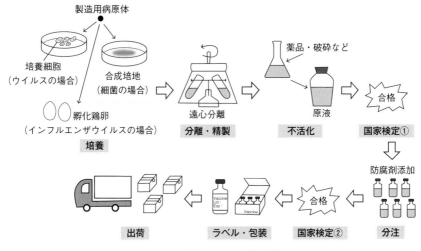

図1.6　不活化ワクチンの製造方法

胞ではなく孵化鶏卵（受精卵）にウイルスを接種して増殖させたのち，このウイルスを精製しエーテルと界面活性剤で処理後，HA分画を採取しホルマリンで不活化します（**図1.6**）．この孵化鶏卵は専門の企業によって生産されている特殊なもので，スーパーで売られている卵とは異なります．まず卵を生産し，その卵でウイルスを増殖させるため，ワクチン生産に時間がかかります．インフルエンザ流行期に入ってから生産に着手しても間に合いません．しかも，インフルエンザウイルスの種類によって孵化鶏卵での増え方が違ってきます．冬になるとしばしば「インフルエンザワクチンが品薄」というニュースが流れるのはそのためです．

3）同じ感染症でも生と不活化ワクチンがある場合

　我が国では現在，ポリオ，インフルエンザの予防接種には不活化ワクチンが使用されていますが，両疾患に対して生，不活化いずれのワクチンも開発されており，かつては我が国でもポリオの予防接種には生ワクチンを使用していました．ポリオに関して我が国では1981年以降野生株に起因した患者発生はなく，発症するポリオ様麻痺患者はワクチン由来株となっていました．生ワクチンは自然感染と同じ経口ルートで投与され，生体内で増殖するうちに野生株に毒性復帰してワクチン株由来の変異株で麻痺を起こす例が200万〜400万接種に1例の頻度で出現します．生ワクチンを使用する限りこの問題を避けることはできません．野生株ポリオのなくなった欧米では，生ワクチンのこうした危険性を避けるために

不活化ポリオワクチンに変更され，日本では2012年に不活化ワクチンへ移行しました．一方，生ポリオワクチンは安価であり注射器を必要としない飲むワクチンですから高い接種率を維持する点ではメリットが大きく，野生株の流行地域では生ワクチンが有利です．

我が国のインフルエンザワクチンは不活化HAワクチンが使われています．注射することで血中の免疫グロブリンG（IgG）抗体を誘導しますが，気道の感染防御に有効な免疫グロブリンA（IgA）抗体を誘導できないため有効性に限界があります．一方，欧米では噴霧型弱毒生インフルエンザワクチンも使用されています．鼻腔に投与し局所粘膜免疫を誘導するとともに上気道で増殖し血中にも抗体を誘導します．インフルエンザに罹患したことのない乳幼児では有効性が高くなりますが，一方，乳幼児ではウイルスを排泄することでまわりに感染を広げる可能性があることと副反応が問題で，2歳以上に推奨されています．高齢者は何回もインフルエンザに罹患して免疫を持っており，接種されたワクチンウイルスが増殖できず抗体応答が弱くなるため，50歳以上には推奨されていません．我が国では認可されていませんが（2022年11月現在），認可を得るための臨床試験は終了しています．同じ疾患に対して異なる種類のワクチンがありそれぞれに特徴があることから，流行状況により使い分けることが将来可能となるでしょう．

■1.2.6 添加物の種類とその役割

「ワクチンには危険な添加物がたくさん含まれている」という噂を聞いて不安になったことのある人もいるのではないでしょうか？ たしかに，ワクチンには主成分（私たちの体内で免疫能を誘導する成分）のほかに製造工程で使用される物質が含まれており，またさまざまな目的で複数の添加物が用いられています．ワクチンに含まれる成分を表1.6にまとめます．

1）培養工程に由来する物質

1.2.5項で述べたように，生ワクチンも不活化ワクチンも動物細胞や酵母菌などを用いてウイルスや細菌を培養（増殖）させたのち，分離・精製したものを主成分として用います．培養に用いた細胞成分のかけら（細胞基質）は，分離・精製の段階でほぼ取り除かれるため，最終製品の中に残留している可能性はきわめて稀です．また培養液の中には，培養を促進するためのウシ胎児血清（FBS）や，別の微生物が混入して増殖すること（コンタミネーション）を防ぐ抗生剤が添加

表 1.6　ワクチンに含まれる成分とその役割

主成分	生ワクチンウイルス，不活化抗原，トキソイド
培養工程に由来する物質	細胞基質，鶏卵由来成分（インフルエンザワクチン），培養液，抗生剤（EM，SM，KM），ウシ胎児血清，トリプシン
安定剤	乳糖（カゼイン），ブドウ糖，精製白糖，D-ソルビトール，デキストラン，L-グルタミン酸ナトリウム，ゼラチン
防腐剤	チメロサール，2-フェノキシエタノール（2-PE）
不活化剤	ホルマリン
結合蛋白	破傷風トキソイドの一部，ジフテリア毒素の無毒化変異蛋白（CRM197）
抗原分散剤	ポリソルベート
アジュバント	水酸化アルミニウム，スクワレン，monophosphoryl lipid A（MPL），複合アジュバント（AS01，AS03，AS04）
その他	フェノールレッド，界面活性剤

されますが，これらも液交換により除かれるため最終製品に残存している可能性は低いと考えて差し支えありません．

2）安定剤

1.2.5 項でも少し触れた通り，特に生ワクチンでは実際に接種されるまでの間にウイルスの力価が減弱して効果が低下してしまうため，これを防ぐために製造段階で添加されるのが安定剤です．安定剤としては，従来はゼラチン，ヒト血清アルブミンが使用されてきましたが，現在，日本で定期接種に定められているすべてのワクチンにゼラチンは含まれていません（外国産の黄熱，狂犬病のワクチンには入っています）．1994 年，生ワクチンを接種した幼児のアナフィラキシーショックが日本で相次いで報告されました．調査の結果，この反応がゼラチンに対するアレルギーであることが明らかとなりました．ゼラチンはもともとアレルギーを起こさない物質と考えられていましたが，これをきっかけにワクチンの安定剤として使用されなくなったのです．

現在，生ワクチンはほぼすべてが凍結乾燥製剤といって，ワクチン原液を分注後に凍結乾燥することにより安定化する方法がとられています（ロタウイルスワクチン以外）．凍結乾燥工程でウイルスが失活することを防ぐ目的で，各種の糖質やアミノ酸を組み合わせて安定剤として使用しています．不活化ワクチンは生ワクチンと比べて比較的安定しているので，日本脳炎ワクチン以外は液状のまま出荷されています．

3) 防腐剤

　通常，ワクチンは数人分の量が入ったバイアルに何回か針を刺して使用するため，細菌・真菌の混入を防ぐ目的で防腐剤が加えられています．不活化ワクチンの防腐剤としてチメロサール（エチル水銀）という有機水銀化合物の一種が長年用いられてきました．1990 年代に，これが自閉症の発症に関連するという論文が発表されて以降，その安全性が問題視されるようになりました．しかし，チメロサールを含まないワクチンを使い続けてきたデンマークでも自閉症は増えていることなどから，現在では疫学的に関連性が否定されています．

　ただ，WHO（世界保健機関）は今後接種すべきワクチンの種類が増えることを予測しているため世界的にチメロサールの使用を避ける・あるいは使用量を減らす努力がなされています（チメロサールと自閉症については 1.3.5 項「ワクチンに関連する誤解」も参照）．

4) 不活化剤

　不活化ワクチン，トキソイドにはホルマリンが使用されています．主成分であるウイルスや毒素蛋白を不活化する（ヒトの体内で受容体と結合し毒性を発揮することのないように変性させ，固定する）際にホルマリンを入れて一定温度・一定期間反応させるのです．最終製品にホルマリンが残留していますが，量としては分析機器で検出できないほどわずかで，もちろんヒトにとっても影響がないことがわかっています．ホルマリンはホルムアルデヒドの水溶液で建材や接着剤に使われており，きわめて稀ですが新築の家においてシックハウス症候群をひき起こして頭痛などを起こすことがあります．ワクチンでは接種部位の発赤などに関連するかもしれません．

5) 結合蛋白

　肺炎球菌（PCV），インフルエンザ菌 b 型（Hib），髄膜炎菌の感染防御抗原は莢膜を構成する多糖類です．この多糖類は本来 T 細胞を介さず，B 細胞の働きによって免疫誘導されるのですが，乳幼児の B 細胞は十分発達しておらず免疫誘導が起こりにくいため，T 細胞に認識されやすいように破傷風，ジフテリアトキソイドの一部の蛋白を結合させた結合型ワクチンとして製造されています．

6) アジュバント

　アジュバント（adjuvant）は，ワクチンと一緒に接種することによってワクチンの免疫原性を高める物質のことです．聞きなれないこの名前は，「助ける」と

いう意味のラテン語 adjuvare に由来します．DPT，DPT/IPV，B 型肝炎，ヒト
パピローマウイルス（HPV）ワクチン，肺炎球菌（PCV）ワクチンといった不
活化ワクチンは抗原を精製してつくるため単体では効果が十分でなく，それを助
ける目的で添加されています．詳しくは次項で改めて解説します．

7）その他

生ワクチンの場合には培養液成分としてアミノ酸，抗菌薬などが含まれます．
また，培養液には pH 指示薬としてフェノールレッドが含まれている製剤もあり
ます．不活化ワクチンは凍結乾燥せずに液状で流通するので，抗原が凝集しない
ように界面活性剤が抗原蛋白分散剤として含まれています．

■1.2.7　アジュバントの役割と歴史

前述の通り，アジュバントはワクチン主成分の働き（免疫誘導能）を増強する
役割を担う物質のことです．不活化ワクチンは病原体の一部を抗原として利用す
るので，生ワクチンと比べて免疫誘導が起こりにくい，言い換えれば病原体の特
徴が身体に記憶されにくく，アジュバントの力を借りる必要があります．主にア
ルミニウム塩がアジュバントとして用いられています．それではアジュバントは
いつ，どうやって開発されたのでしょうか（**図 1.7**）．

アルミニウムアジュバントが発見されたきっかけは 1920 年代，ジフテリア毒
素の精製作業中でした．ジフテリアトキソイドはジフテリアの毒素を不活化して
つくられるワクチンで，アルミニウム塩として沈降させることで精製していまし
た．当初は沈降させたあとにアルミニウムを外してトキソイド単体として利用し
ていましたが，アルミニウム沈降型のまま使うほうがワクチンとしての働きが高
いことがわかり，1932 年からジフテリアトキソイドに採用されました．そこで，
破傷風トキソイドも同じように製造されるようになりました．その後，百日咳の
ワクチンと混合した DPT 三種混合ワクチンが開発されました．

また，腸チフスワクチンが開発されていた 1924 年に，マウスでは結核菌を先
に感染させた後でこのワクチンを接種すると抗体産生能が高まる結果が得られ，
結核菌の免疫賦活作用が明らかになりました．1937 年には，結核菌の外膜蛋白
の一部を油に懸濁したフロイント完全アジュバントが開発され，oil-in-water ア
ジュバントの草分けとなりました．しかし，副反応が強くヒトには使えませんで
した．油脂にアジュバント作用がありそうだということで油を使ったインフルエ

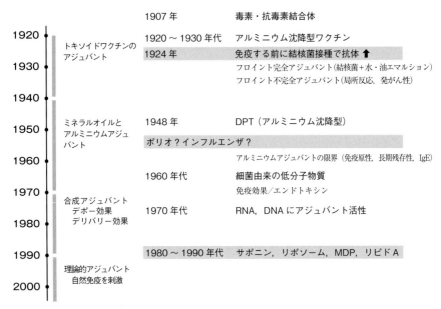

図 1.7　アジュバント開発の歴史

ンザワクチンを開発しようという動きもありました．当初はミネラルオイルが試されていましたが膿瘍などの副反応があったため，人体に吸収されやすい油に移行していきました．米国ではピーナッツオイル，我が国ではゴマ油で検討されましたが結果は芳しくなく開発は中断されました．その後 60 年間はアジュバント不毛の時代が続き，ヒトの臨床治験にまで進んだ物質はアルミニウムアジュバントのみでした．

　長年停滞していた新規アジュバントの道を開いたのはノバルティス社で，1997 年に oil-in-water エマルションとして MF59 を開発し，高齢者用のインフルエンザワクチンに使用しました．次いで，グラクソ・スミスクライン社が一連の AS シリーズの複合アジュバントを開発し，B 型肝炎ワクチン，インフルエンザ（H5N1）ワクチン，ヒトパピローマウイルス（HPV）ワクチンに使用しています．

　この AS シリーズのアジュバントの例として，サルモネラ菌の細菌膜成分のリポポリサッカライドから無毒化・精製した monophosphoryl lipid A（MPL）とアルミニウムを加えた複合アジュバント AS04 があります．AS04 は HPV ワクチンに使用されました．HPV には 2 種類のワクチンが認可され AS04 を用いたサーバ

リックス®（グラクソ・スミスクライン社）とアルミニウムアジュバントのみの
ガーダシル®（MSD 社）があり，副反応が取りざたされました（3.15.3 項「HPV
ワクチン接種後の副反応？」参照）.

　アジュバントによる副反応問題で提唱されている仮説とは，次のようなもので
す.「接種部位に好中球が遊走，炎症反応を惹起し，これにより自然免疫系を刺
激して抗体産生能を高めます．アルミニウムが接種部位に残り，これをマクロフ
ァージが貪食して中枢神経系に運び，炎症反応を起こします.」しかし根拠とし
て示された動物実験は，血液と中枢神経系の間にある血液脳関門という関所を破
壊した状態で行われていました．ヒトでは簡単に起こる現象ではないためエビデ
ンスとしては弱いと考えられています．接種部位にはアルミニウムが残りますが
その量はわずかで，炎症反応は 7 日以内に収まります．1 カ月を過ぎても「しこり」
は残りますが，時間が経つと炎症もなく痛みもなくなります.

　アジュバントは安定剤・防腐剤などと違ってワクチンにのみ使用される成分で
あり，目的がわかりにくいことや金属ゲルが使われていることなどから，悪者扱
いされる傾向にあります．検索エンジンで“アジュバント”と入力すると“不妊”，
“後遺症”といった言葉がリンクしてくるので不安に感じる人もいると思いますが，
本項で説明した通りアジュバントは約 100 年間にわたって慎重な検討が重ねられ，
さまざまな試験をクリアし安全性の確認された物質のみが使われているのです.

1.3　ワクチンの副反応と有害事象

　欧米では「ワクチンで予防可能な疾患はワクチンで予防する」という基本方針
で 1980 年代から細菌感染症に対するワクチンも開発され，接種率を上げるため
に多価混合ワクチンが開発されてきました．一方，我が国ではこうした細菌感染
症は早期診断と抗菌薬の開発により制圧できると長年考えられ，細菌ワクチンの
必要性は容易には受け入れられませんでした．しかし，インフルエンザ菌 b 型
（Hib）ワクチン，結合型肺炎球菌（PCV7）ワクチンが導入された国では細菌性
髄膜炎，敗血症が激減したことから，これらのワクチン導入の要望が高まってき
ました．2008 年には Hib ワクチンが導入され，2009 年に認可された小児用の結
合型肺炎球菌ワクチン（PCV7）とともに 2010 年春には暫定的に定期接種の中
に組み込まれて使用されることになりました．しかし，翌 2011 年 3 月には PCV

と Hib を含めた四種混合ワクチンなどの同時接種の問題から Hib ワクチンと PCV7 ワクチンの接種が一時中断されましたが 1 カ月後に再開されました. さらにロタウイルスワクチンも使用できるようになり, 多くの外国製のワクチンが導入され, Hib, PCV, 2010 年に認可された HPV ワクチンは 2013 年から定期接種に組み込まれました. ただし, HPV ワクチンは副反応の問題から積極的な勧奨は中断されてきました. 世界では HPV ワクチンの接種が進み子宮頸がんの予防効果が認められていることを受け, 日本でも 2022 年から積極的勧奨を再開し, その間に接種を受けることができなかった女児にもキャッチアップ接種を行うべく広報活動が行われています.

■1.3.1 ワクチンの主反応と副反応と有害事象

1.2 節で述べたようにワクチンには生体の持つ免疫応答を利用して感染を予防する, あるいは感染した際の重症化を予防する働きがあり, これこそがワクチンの主反応でワクチンのメリットそのものでもあります. 一方, 副反応 (vaccine adverse reaction) はワクチン接種後に発生した望ましくない反応のうち, ワクチンに関連して起きたものと科学的に想定できる事象を指します. 区別が必要なものに有害事象 (vaccine adverse event) があります. これはワクチン接種後に発生した望ましくない事象すべてを指し, その原因がワクチンと科学的に関連しているかどうかを問うものではありません (**表 1.7**). 例えば「接種翌日に心筋梗塞を起こした」などのような事象を指します.

以前は, 副反応と有害事象の区別が明確でなく因果関係のはっきりしない有害事象も「副反応」として厚生労働省に報告されてきました. 報告された事例は厚労省の予防接種・ワクチン分科会副反応検討部会で因果関係が検討されますが, 科学的に検証する場でないことから因果関係に乏しい有害事象も副反応として考えられてきました. ワクチン接種 1 カ月以内に発症した入院に至るような重篤な

表 1.7 ワクチンの反応

主反応 (有効成分)	ワクチン接種後に特異的な免疫応答を誘導し感染を防御, 重症化を予防する
ワクチンの副反応 (有効成分, 添加物)	ワクチン接種後に発生した望ましくない反応のうち, 科学的にワクチンに関連して起きるものと想定できる事象
有害事象	ワクチン接種後に発生した望ましくない反応で, その原因が科学的にワクチンと関連して起きるかどうか不明である事象

有害事象は報告義務があります．米国で実施されているワクチン有害事象報告制度（Vaccine Adverse Event Reporting System: VAERS）はあくまで有害事象の報告であり，我が国の副反応疑い報告も実際にはこれと同様に有害事象の報告になります．

　日本におけるこうした副反応と有害事象の混同の始まりは1992年の東京高等裁判所の判決にあります．1960年代後半に種痘後脳炎発症が相次ぎ，問題となっていました．国を相手取った集団訴訟は国が二審で敗訴し，国は上告せずに1992年に結審しました．その趣旨は「国は予防接種を義務として強制してきた．にもかかわらず，予防接種の効果や副反応についての情報を国民に十分知らせていなかった．また，接種担当医への情報も不十分で，禁忌事項を見逃して禁忌に当たる者に接種したので重篤な健康被害を生じた」であり，「予防接種との因果関係は科学的な確固たる証拠がなくても時間的に高度の蓋然性があれば因果関係あり」と判断されたのです．現在でいう有害事象を副反応の範疇に含めた判決であり，これが現在に至るまで多くの誤解を招く原因となっています．やっと，最近では「副反応疑い」として取り挙げられることになりました．

■1.3.2　副反応はなぜ起きるのか？

ワクチンの副反応の発症にはいくつかの機序が考えられています．

1) 弱毒生ワクチン接種後

BCG，麻疹，風疹，ムンプス（流行性耳下腺炎），水痘，ロタウイルスのワクチンは弱毒生ワクチンで，その親株である野生株の性状を引き継いでいます．生ワクチンは1.2.3項で述べたように「軽く感染した」状態を人工的につくりだすものなので，副反応として軽く発症した状態が生じ，発熱や発疹といった症状がみられます．生体内で増殖する時には，自然感染後に起きる合併症は弱毒生ワクチンでも起きる可能性があります．生体内での増殖には通常，数日から7日が必要で，その後10〜14日後から細胞性免疫応答が出現し次に抗体が産生されます．つまり，その間は合併症が起こる可能性があります．

2) 不活化ワクチン接種後

DPT/IPV四種混合，Hib，13価肺炎球菌結合型ワクチン（PCV13），B型肝炎，日本脳炎，インフルエンザ，HPVのワクチンなどの不活化ワクチンの場合，生体内で増殖しないので自然感染の症状と合併症は起こすことはありません．

　不活化ワクチンの副反応は，1.2 節で説明したような抗体産生・免疫獲得の過程で炎症性サイトカインが産生される際，接種部位の発赤，腫脹（腫れ），疼痛だけでなく，発熱などの全身反応が現れると考えられています．

3）ワクチン主成分，添加剤に対するアレルギー反応

　1.2.6項で述べたようにワクチンには主成分のほか，製造工程由来の物質や品質保持のための添加物が含まれています．アレルゲンとなりうる成分としてはゼラチンや鶏卵成分があり，それらに対してアレルギーを持つ人はワクチン接種後にアレルギー反応を起こす可能性が考えられます．

4）免疫応答が自己の細胞成分と交差反応をする

　稀に，ワクチンにより誘導される免疫応答が，自己の細胞成分と交差反応を起こすことがあります（自己免疫応答といいます）．これによって発症する急性散在性脳脊髄炎（acute disseminated encephalomyelitis: ADEM），特発性血小板減少性紫斑病（idiopathic thrombocytopenic purpura: ITP）などの疾患が副反応である可能性が示されています．

　ADEM はワクチン接種だけでなくウイルスや細菌への感染後に発症しうる病気です．ワクチン接種後1〜4週間以内に起こることがわかっています．発熱，意識の混濁，目が見えにくい，手足のしびれといった症状がみられた場合にはただちに受診することが大切です．症例の発症頻度は数百万接種に1例ときわめて稀で，ステロイドの投与が有効であることがわかっています．

　ITP の発症機序はウイルス感染後の免疫応答により血小板に対する抗体が出現することで血小板が減少し，出血が止まりにくくなります．難病に指定されており，ステロイド投与が有効であるとされています．

■1.3.3　ワクチンとアレルギー

　1.3.2 項で述べた中で，3）のアレルギー反応は他人事でないと感じる人が特に多いのではないでしょうか．ワクチンに含まれる成分のうち，アレルゲンになりうるものについて個別に説明しましょう．

1）ゼラチン

　1994 年，麻疹とムンプス（流行性耳下腺炎）の生ワクチンを接種した幼児に相次いでアナフィラキシー反応がみられ，問題となりました．その後の調査により，生ワクチンの安定剤として添加されていたゼラチンがアレルゲンとして作用

していたことが明らかになったのです.

　1994 年以前にはこのようなゼラチンアレルギーは確認されていませんでした. DPT 三種混合ワクチン(ジフテリア・百日咳・破傷風)の開発には紆余曲折あり(Ⅲ章参照),時代によってワクチンの内容だけでなく接種年齢も頻繁に変更されました. 百日せきワクチンは 1950 年から単味ワクチンの接種が始まり,1968 年には定期接種のワクチンとなりました. その時は百日咳菌をホルマリンで不活化した全菌体ワクチンが使われました. 副反応が強く 1974~1975 年にかけて DPT ワクチン接種後死亡例が報告され,接種を控える,もしくは 2 歳以降で接種するようになりました. 1981 年には現在使用されている副反応の少ない無細胞型精製百日せきワクチンが開発されました. このワクチンは免疫原性を高めるためにアジュバントを含んでいます. 日本では 1988 年までは 2 歳児に接種していたものを 1989 年より 3 カ月齢から受けられるように変更したため,ごく幼い時期に三種混合ワクチンを接種した子どもたちが,そこに含まれていたゼラチンに感作(体がこれを異物と認識すること)を引き起こし,1994 年にゼラチンを含むワクチンを再び接種した際にアレルギー反応を示したものと結論付けられています. 現在,日本で定期接種に定められているワクチンはすべてゼラチンフリーです. ただし,外国産の黄熱,狂犬病ワクチンには含まれています.

2) 鶏卵成分

　麻しんワクチン,ムンプスワクチンはニワトリ胎児胚細胞をバラバラにして培養しワクチンウイルスを接種して培養上清を集め精製することから,卵アレルギーの小児においてアレルギー反応が起こる可能性が危惧されていました. また,毎年インフルエンザワクチンを受ける人は,予診票に「卵アレルギーの診断を受けたことがありますか」といった項目があるのを知っていることと思います. 1.2.5 項で述べたように,インフルエンザワクチンは孵化鶏卵の漿尿膜腔にウイルスを接種して培養し,製造されます. この工程で鶏卵成分を完全に除去することができないため,卵アレルギーのある人にアレルギー反応を起こしうると考えられてきました. そこで米国では鶏卵ではなくバキュロウイルス(昆虫にしか感染しないウイルス)と昆虫細胞を使って製造したインフルエンザワクチンを卵アレルギー患者に推奨してきましたが,接種後にアナフィラキシー例が報告されており,卵アレルギーと因果関係がないことが示唆されています. 製造技術の進歩により鶏卵成分の除去率も向上しており,現在では卵で重篤なアナフィラキシー

を起こしたことがない限り卵アレルギーのある人にもインフルエンザワクチンの接種が勧められる傾向にあります．予診票では万一に備えて卵アレルギーの有無を尋ねているというわけです．

3）2-フェノキシエタノール

2011年から2012年にかけての冬に化学及血清療法研究所という会社が製造したインフルエンザワクチンに2-フェノキシエタノール（2-PE）が防腐剤として用いられ，接種後のアナフィラキシー反応が1.4例/10万接種の頻度で報告されました．これは従来の0.4例/10万接種と比べてはるかに高い頻度です．調査の結果，アナフィラキシー反応を起こした患児の血清中にインフルエンザワクチン成分に対するIgE抗体が検出されました．幼児期に繰り返し接種することで感作を進めてきており，ちょうどインフルエンザワクチンが普及し接種量が増えた時期であること，2-PEを用いたワクチンでは抗原サイズが大きくなっていることが原因として想定されました．結論として明確な因果関係は認められないとされましたが，念のため翌年は防腐剤を以前のチメロサールに変更したところ，アナフィラキシーは従来の頻度に戻りました．しかしその後も毎シーズンに数例の頻度で報告されています．もともと，2-PEは1990年代から自閉症との関係が疑われていたチメロサールの代替として導入されたものでしたが，むしろチメロサールのほうが安全性が高いという結論に至ったのでした．

4）その他アレルゲンと考えられる物質

不活化ワクチンの製造工程で用いられるホルマリン（ホルムアルデヒドの水溶液），DTaP-IPV，DTaP，DT，PCVに含まれるアルミニウムアジュバント，Hib，PCV，髄膜炎菌のワクチンに結合蛋白として用いられる破傷風トキソイドの一部やジフテリア毒素の無毒化変異蛋白CRM197などの物質が稀にアレルギー反応に関与する可能性があります．B型肝炎ウイルス（HBV），ヒトパピローマウイルス（HPV）ワクチンの一種であるガーダシル®は酵母に遺伝子組換えプラスミドを導入して製造されており，同じくHPVワクチンであるサーバリックス®は昆虫細胞とバキュロウイルスを使って製造されているため，細胞基質の残留成分がアレルギー反応を起こすことがありますが，頻度はきわめて稀です．

また，多くのワクチン製造時に培養液あるいは安定剤に使用される乳糖は，カゼインが牛乳アレルギーと関連することも考えられますが，現時点では報告はありません．

抗生物質のカナマイシン，エリスロマイシンが培養液に添加されていますが，最終製品中に含まれる量は検出限界レベル以下でアナフィラキシーの原因となることはないと考えられます．

ワクチン成分の中でアレルゲンとなりうる物質は以上の通りです．いずれも頻度が低く症例が少ないため，いまだに因果関係が明らかでないものも多く，これからの情報蓄積と専門家による解明が待たれます．

5) 全身反応と局所反応

アレルギー反応には全身反応と局所反応があります．以下のような症状が接種後にみられた場合には医療機関を速やかに受診しましょう．

全身反応　全身症状として接種後1時間以内に出現するアナフィラキシーはIgE抗体が関与しています．このタイプのアレルギー反応を起こしうるものとしてゼラチン，インフルエンザ，ジフテリア・破傷風トキソイドが知られています．また，アルミニウムアジュバントを含むワクチンはIgE抗体を誘導することが古くから知られています．さらにワクチン接種数日以内に出現する全身性蕁麻疹，紅斑，丘状疹はワクチン成分に対するアレルギー反応の一種です．

局所反応　接種後24～72時間後に出現する発赤，腫脹，疼痛を伴う局所反応の中にはワクチンの成分によるアレルギー反応が含まれると考えられます．具体的には炎症反応による局所のサイトカインが引き起こす血管内皮障害に伴い血漿成分の漏出により，肩や肘を超えて発赤，腫脹，疼痛がみられます．ワクチン接種の局所の湿疹は成人，特に高齢者において出現しやすく，その原因としてはアルミニウム，チメロサール，残留ホルマリンが考えられます（湿疹は全身に発生する場合もあります）．

なお，ゼラチン・鶏卵以外の食物アレルギー，アレルギー性鼻炎，花粉症，蕁麻疹など何らかのアレルギー体質だと診断を受けたことがある人も，基本的にはどのワクチンも接種して問題ありません．ただ，過去に何らかの重篤なアレルギー症状（アナフィラキシー）を起こしたことのある人は，接種後に万一体調不良が起きた場合にすぐ処置が受けられるよう，事前に医師に申告して接種後30分程度は待機することが推奨されます．

■ 1.3.4　最近問題となった副反応

ワクチンの歴史のなかで，こうしたワクチン接種後の副反応，有害事象がたび

たび問題になってきたのは事実です（**図 1.8**）.

　ワクチン自体の問題として，1993 年には麻しん・風しん・ムンプス三種混合（MMR）ワクチン接種後に無菌性髄膜炎の発症が相次いでみられ，接種中止に追い込まれるという出来事があり，その後はムンプス単味ワクチンが使用されています．無菌性髄膜炎の問題は解決されておらず，そのため頻度の低いワクチンの開発・導入が期待されています．現在，外国で広く使用され安全性が確認されているムンプスワクチン株と国産の MR ワクチンを含む MMR の臨床試験が行われています.

　アレルギー反応例としては前述のゼラチンアレルギー（1994 年）のほかにもインフルエンザワクチン接種で報告されています．2005 年には日本脳炎ワクチン接種後のアレルギー性脳脊髄炎（ADEM）が報告されました．マウス脳由来のワクチンが使用されていましたが，潜在的に脳組織へのアレルギー反応が懸念され細胞培養ワクチンに改良されました．2011 年には新たに導入された Hib，PCV を含むいくつかのワクチンの同時接種後の死亡例が問題となり一時中断されました．しかし諸外国での頻度と差がないことから 1 カ月後に再開されました.

　2013 年には新たに定期接種になった HPV ワクチン接種直後の迷走神経反射に

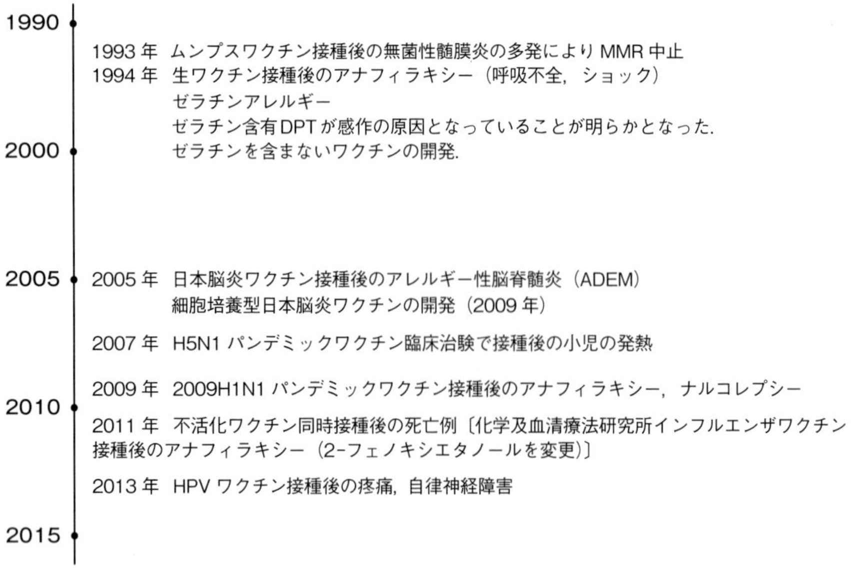

1990	
	1993 年　ムンプスワクチン接種後の無菌性髄膜炎の多発により MMR 中止
	1994 年　生ワクチン接種後のアナフィラキシー（呼吸不全，ショック）
	ゼラチンアレルギー
	ゼラチン含有 DPT が感作の原因となっていることが明らかとなった.
2000	ゼラチンを含まないワクチンの開発.
2005	2005 年　日本脳炎ワクチン接種後のアレルギー性脳脊髄炎（ADEM）
	細胞培養型日本脳炎ワクチンの開発（2009 年）
	2007 年　H5N1 パンデミックワクチン臨床治験で接種後の小児の発熱
	2009 年　2009H1N1 パンデミックワクチン接種後のアナフィラキシー，ナルコレプシー
2010	2011 年　不活化ワクチン同時接種後の死亡例〔化学及血清療法研究所インフルエンザワクチン接種後のアナフィラキシー（2-フェノキシエタノールを変更）〕
	2013 年　HPV ワクチン接種後の疼痛，自律神経障害
2015	

図 1.8　最近 30 年間のワクチンの副反応

よる失神，慢性疼痛，自律神経障害，認知障害などの副反応疑いの例が報告され，積極的勧奨が中断されました．その後の疫学調査の結果 HPV ワクチン接種者と HPV ワクチンを接種していない群との発症頻度には差が認められないことから，2022 年より定期接種として接種推奨が再開されています．

■ 1.3.5　ワクチンに関連する誤解

　1.3.4 項で紹介したような副反応問題に加えて，科学的な根拠に基づかない流言も人々のワクチン接種へのモチベーションを妨げてきました．そのなかには，当初は副反応の可能性が排除できなかったものの，その後の検証によって因果関係が否定された事例もあります．本項ではそうした事例を紹介しましょう．

1）防腐剤チメロサールと自閉症

　前述の通りチメロサールはワクチンの防腐剤として長く用いられてきました．また，点眼薬やコンタクトレンズの洗浄液にも防腐剤として使われている身近な物質です．しかし 1999 年頃になってチメロサールが自閉症の発症に関連するという論文が発表されたことを機に，世界的に大きく取り沙汰されることになったのでした．

　さかのぼること 1916 年，腸チフスワクチンに黄色ブドウ球菌が混入する事件が米国で起こりました．さらに 1928 年にはジフテリアワクチンにも同じ菌の混入が明らかになり，それぞれ複数の子どもが亡くなるという痛ましい事件でした．こうした経緯から，1 つのバイアルに繰り返し針を刺して使用するタイプのワクチンには防腐剤を用いることが求められました．防腐剤として適当な化合物の探索が進められ，白羽の矢が立ったのが有機水銀の一種であるチメロサール（エチル水銀）でした．

　"エチル水銀"と聞いて水俣病を連想した人も多いのではないでしょうか．しかし，水俣病の原因となったのは"メチル水銀"という物質で，これに炭素原子が 1 つ加わったのが"エチル水銀"つまりチメロサールです．メチル水銀は魚介類などを食べることでヒトの体内に蓄積しやすく（これを生物濃縮といいます），ヒトの健康や環境への悪影響が大きいため，日本だけでなく，EPA（米国環境保護庁）や WHO（世界保健機関）など関連団体がそれぞれ安全基準値を発表しています．エチル水銀の化学構造はメチル水銀と非常によく似ていますが，こうした悪影響はないと考えられてきました．FDA（米国食品医薬品局）は 1976 年

に「生物製剤*6 からの水銀は生涯危険な量ではない」との見解を示しつつも, 免疫グロブリンは頻回に投与されるため, グロブリン製剤には念のためチメロサールを用いないようにと勧告しました.

しかし 1999 年になりチメロサールの安全性が再度問われる出来事が起こります. 米国で新たに B 型肝炎ワクチンが勧奨接種に組み込まれ, 生後 6 カ月までにチメロサールを含む DPT・IPV, Hib, B 型肝炎のワクチンを各 3 回接種するよう定められたのです. チメロサールの安全基準は設けられていないとはいえ, 仮に類似物質であるメチル水銀の基準に照らして判断すると,

① EPA によるメチル水銀の安全基準

0.1 μg/kg/ 日 (体重 1 kg あたり, 1 日に 0.1 μg まで許容) ⇒生後 6 カ月 (26 週) までの平均体重変動より, 累計 65〜106 μg まで許容

② 6 カ月までの接種が推奨されるワクチンに含まれるエチル水銀の合計

⇒ 187.5 μg

となり, 水銀の投与量としては EPA の安全基準を大きく超過します. これに加えて, 水銀中毒と自閉症との症状の類似性を根拠に, 自閉症の増加をワクチンに含まれるチメロサールに関連づける報告が米国疾病予防管理センター (Centers for Disease Control and Prevention, CDC) から発表されました (*MMWR Morb Mortal Wkly Rep.* 1999; 48(26): 563-565).

これを受けて, 米国小児科学会は次のような暫定措置を勧告します.

• B 型肝炎抗原 (HBs) 陰性の母親から出生した児:生後 6 カ月以内に B 型肝炎に罹患する可能性は低いので, チメロサールを含まないワクチンができるまで接種を遅らせる.

• HBs 抗原陽性の母親から出生した児:母体を通じて早期に B 型肝炎ウイルスに曝露され, キャリアとなる危険性が高いため, 感染予防の観点からチメロサールを含むワクチンを接種する.

これと並行して, ワクチンメーカーにはチメロサールを使用しないワクチンの開発を要請しました. しかし, 医療現場では「すべての新生児に B 型肝炎ワクチンの接種を差し控える. チメロサールが神経障害を引き起こす」といった誤った情報が伝わっていきました. エチル水銀はメチル水銀と違って体内に蓄積する

＊6　ワクチンや血液製剤など, 生物から産生される物質を用いて製造された医薬品のこと.

ことはないと考えられていたものの，ちょうど自閉症が増え始めた時期と重なっていたことからチメロサールの影響が疑われるに至ったのです．

　しかし，デンマークでは1992年からチメロサールを含むワクチンを使用していないにもかかわらず，2001年以降自閉症患者は増加の一途をたどっており（Madsen K. M. *et al.*, *Pediatrics*, **112**:604-606, 2003），現在ではチメロサールと自閉症との因果関係は否定されています．一方で，ワクチンメーカーは念のためワクチンに用いるチメロサールの減量・除去に努めています．

2）MMR ワクチンと自閉症

　チメロサールと同様，MMR ワクチンと自閉症との関連性が取り沙汰されたこともありました．きっかけになったのは1998年に『ランセット（*The Lancet*）』というイギリスの有名医学雑誌に発表された一報の論文でした（**表 1.8**）．その著者であるイギリスの医師ウェイクフィールドらは，12人の腸管リンパ節の過形成，腸炎，広汎性発達障害の発症に MMR ワクチン接種が関与していると主張したのです．当時増え続けていた自閉症の子どもたちは，過去に MMR ワクチンを受けているという非科学的な内容で，両者の因果関係はまもなく否定され，2004年に論文は取り下げになりました．それにもかかわらずその社会的な影響は大きく，MMR ワクチン接種を躊躇する保護者は増加しました．

　さらに2010年には，この論文で取り上げられた症例自体が捏造であることが判明し，ウェイクフィールドは医師免許を剥奪されました．しかしワクチン反対派の弁護士たちは彼の研究を支援し，ウェイクフィールドは米国に拠点を移します．米国でもその影響は大きく，MMR ワクチン接種率の低下により2019年に

表 1.8　ウェイクフィールドらの反ワクチンの動き

1998 年	ウェイクフィールドら「自閉症と MMR に関連性がある」（ランセット）
2004 年	「自閉症と MMR に関連性があるという科学的な根拠はない」（ランセット）
2010 年	「ランセットの論文の中の症例には病院の記録と異なり因果関係があるように捏造されている」（General Medical Council）として医師免許剥奪 1998 年のウェイクフィールドらの論文が撤回される
2011 年	反ワクチンの弁護士らがウェイクフィールドの研究をサポート（COI＊に抵触）
2012 年	イギリスからアメリカへ移って反ワクチン活動
2016 年	トランプ大統領候補（当時）と会談し，反ワクチンを呼びかけ（BMJ）

＊COI（conflict of interest）：利益相反．特定の団体から資金援助を受けた研究であることを公開する義務がある．

ニューヨーク州で麻疹が大流行する事態を招きました．世界的にも MMR ワクチンと自閉症の流言が影響し MMR の接種率が低下し，麻疹の世界的流行を起こしていることが大きな問題となっています．

■1.3.6　ワクチン接種への躊躇

　ウェイクフィールドを支援した弁護士に限らず，ワクチン反対派による運動は古くから存在しました．例えば1820年代のイギリスでは種痘をヒトからヒトに植え継いでいくうちに梅毒の感染が広がり，種痘は梅毒の原因であるという噂が流れました．また，表在細菌の混入など種痘自体に起因しない事故によって定期接種化に反対する意見が多数を占めたこともありました．スウェーデンのストックホルムでは1873～1874年にかけて種痘反対キャンペーンが起こりましたが，その翌年に天然痘の流行が発生しています．ワクチンに反対する動きは，ワクチンの始まりである種痘の登場とともに出現していたのです．

　また，欧米には宗教的教義からワクチンを拒む人たちもいます．例えば，スイスから米国に移住した当時の生活様式を維持し，農耕・牧畜に従事して自給自足の生活を営むアーミッシュという宗教集団があります．ペンシルベニア州を中心に米国やカナダに暮らす彼らは，近代文明を否定し，現代技術に基づいた機器や道具などを拒否する厳格な宗派で，もちろんワクチン接種も受け入れていません．しかし現代社会との交流は少なからずあり，外部の人たちと接触することでポリオや麻疹が持ち込まれて小流行が報告されています．

　ワクチン黎明期に起こった安全性への懐疑的な意見や，宗教上の理由によるワクチン接種の拒否は比較的理解しやすいものですが，近年では別の理由でワクチン接種をためらう人が増加傾向にあります．ワクチンが感染症予防にはたしてきた動かぬ根拠に対しても批判的思考から疑義を唱えるこの動きを「ワクチン忌避（vaccine hesitancy）」と呼びます．米国では MMR ワクチンと自閉症の関係に関する流言が深く根をおろしており，自分の子にワクチンを受けさせない大人たちが知識階級の中に増えています．日本でも，人工的なものをしりぞける自然派志向の人たちを中心に，ワクチン忌避の動きがあります．

■1.3.7　改めてワクチンの果たしてきた役割とは

　近年世界的に目立っているワクチン忌避の流れは，いったい何に起因するので

しょうか？　その原因として考えられるのが，本節の前半で紹介したような副反応に対する恐れです．ワクチンはヒトの体に備わった免疫機能を利用するという原理上，副反応をゼロに抑えることは難しいのですが，これを不安に思う人は一定数いるのでしょう．米国を中心に自閉症との関連を信じている人も多く，日本ではHPVワクチンの副反応疑いが大きく報道されるなど，情報の氾濫する現代ならではの流れともとれます．本項ではあらためてワクチンの果たしてきた役割を整理するとともに，ワクチン忌避のもたらしうる可能性についても紹介したいと思います．

　表1.9には，いくつかの感染症について，ワクチンのなかった1950年と直近数年間の罹患者数および死亡者数をまとめました．例えば百日咳も，1950年代には1万人以上が亡くなる病でした．同じように麻疹でも数千〜2万人が亡くなっていたのです．表に示したこれらの感染症は，現代では「ワクチンで予防できる疾患（vaccine preventable diseases: VPD）」と呼ばれており，VPDで亡くなる人はほとんどいなくなっています．これはまぎれもなく，ワクチンの誕生によってもたらされた功績です．

　さて，ワクチンを受けないことのデメリットとして入院が必要なほどの重症化や合併症の発症が考えられます．反対に，ワクチンを受けることのデメリットとして副反応があります．この2つを比較することが基本となります．なかでも特に重要なのが，判断の根拠となる情報が事実に基づいているか否かという正確性の判断です．概してマスコミはよい情報をあまり取り上げず埋もれてしまいますが，悪い情報は大きく報道される傾向にあり，ごく稀な事象であっても日常的に

表1.9　日本における感染症罹患者数および死亡者数の変化

	罹患届け出数（人）	死亡者数（人）	
		1950年	2015〜2020年
百日咳	50,000〜150,000	10,000〜17,000	0〜数人以下
ジフテリア	10,000〜50,000	2,000〜3,800	0
破傷風	2,000	2,000	10〜15
ポリオ	2,000〜5,600	数百〜1,000	0
麻疹	200,000	数千〜20,000	0〜数人以下
風疹	先天性風疹症候群 408例（1964〜1965年沖縄）		
日本脳炎	1,000〜5,000	2,000前後	0〜5

起きているように錯覚してしまうケースも少なくありません.

　2014 〜 2018 年の 5 年間に報告されたワクチン接種後の副反応疑いの，10 万接種あたりの頻度を調べた結果を**図 1.9** に示します．現在使用されているほとんどのワクチンにおいて，接種後の副反応疑いの出現頻度は 10 万接種あたり 1〜2 例にとどまっていることがわかります．日本の副反応疑いの報告システムでは，定期接種を受けた人が副反応と思われる症状を呈していることを知った時に，診察した医師が保健所に連絡し，医薬品医療機器総合機構（PMDA）に報告されることになっています．定期接種以外のワクチンに関しても健康被害を報告することになっています．ワクチンメーカーも情報収集して PMDA に報告しており，

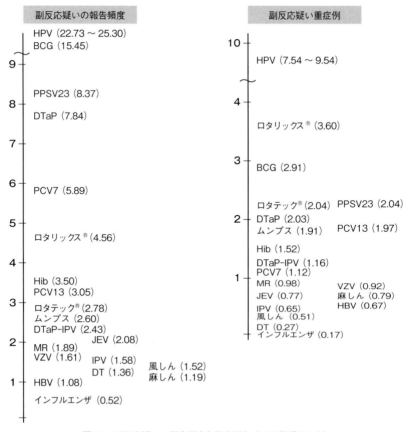

図 1.9　副反応疑いの報告頻度と発症頻度（10 万接種あたり）
（中山哲夫：感染症誌，**93**: 493-499, 2019 より）

医療機関側から報告のあった症例と一致するかどうかの確認がなされます．副反応との因果関係が必ずしも明らかでない場合も報告する必要があり，それを含めての頻度ですので安全性はかなり高いとみなしてよいでしょう．

　ワクチンの副反応のなかでよく認められるものとして接種部位の局所反応があります．インフルエンザワクチンの場合は数人に1例の頻度で認められます．接種後の発熱は麻しんワクチンで特に高く，ワクチンウイルスが体内で増殖する接種後5～7日目には10人に1例の頻度で認められます．発熱は不活化ワクチンでも起こりうるものです．例えば肺炎球菌ワクチンでは4～5人に1例，DPTワクチンは100人に数例の頻度で発熱がみられ，これらはワクチン成分やアジュバントが自然免疫を活性化することに由来します．こうした発熱は24時間以内に解熱し，哺乳力や食欲の低下をはじめとする他の症状はみられず活気は保たれています．ムンプスワクチン接種後の無菌性髄膜炎は数万人に1例という低い頻度です．なお急性散在性脳脊髄炎（ADEM）やギラン・バレー症候群は100万～数百万接種に1例の頻度とされていますが，ワクチンの原理からすると因果関係は明らかでなく，有害事象の範疇に含まれています（**図1.10**）．

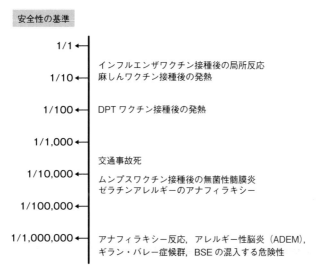

図1.10　ワクチン接種後の臨床反応頻度の考え方
（Myers M. G. *et al.* :Immunizations for Public Health, 2008 より）

1.4　我が国の予防接種の現状

■ 1.4.1　現在の予防接種制度

1）定期接種と任意接種

　第二次世界大戦後の混乱していた時代には，腸チフス，天然痘，ジフテリアなどの感染症が多くの生命を奪っていました．こうした状況を受け，予防接種法は1948（昭和23）年に公衆衛生の観点から伝染の恐れのある疾病の発生・蔓延を予防し，またワクチン接種による健康被害の迅速な救済を図ることを目的として制定されました．この法律のなかで，予防接種とは「疾病に対して免疫の効果を得させるため，疾病の予防に有効であることが確認されているワクチンを，人体に注射し，又は接種すること」と定義されています．

　予防接種には定期接種と任意接種の2つがあります．新型コロナワクチンは定期・任意いずれでもなく，予防接種法第9条の規定（努力義務）によります．

定期接種

　予防接種法により指定された予防接種のことです．日本では公衆衛生上特に重要性が高いワクチンについて，法律によって国民に接種を推奨するとともに，行政による助成を行っており無償で接種ができます．"定期"という名前からもわかる通り接種対象年齢が定められていて，そのほとんどは子どもが対象ですが，一部高齢者向けのものも含まれます．2022年現在，BCG，DPT/IPV，B型肝炎，インフルエンザ菌b型（Hib），小児用肺炎球菌（PCV13），日本脳炎，麻しん，風しん，水痘，ロタ（2020年10月から定期接種に追加），HPV，成人用肺炎球菌（65歳以上）のワクチンが定期接種に指定されています（詳しくは次項1.4.2を参照）．これらのワクチンにより健康被害が発生した場合には，予防接種法第11条に基づいた救済制度が利用できます．

任意接種

　予防接種法に指定のない予防接種のことです．被接種者本人あるいはその保護者が，それぞれの状況に応じて自由意思で受けられるワクチンを「任意接種」と呼びます．定期接種と異なり，費用は全額自己負担になります．季節性インフルエンザ，ムンプス，髄膜炎，A型肝炎，成人用肺炎球菌（基礎疾患を有する小児への接種），狂犬病などのワクチンが任意接種に該当します．成人用肺炎球菌

ワクチンは 65 歳以上では定期接種のワクチンですが，無脾症や免疫不全の小児
は任意で接種されます．また，定期接種に定められたワクチンを所定の年齢以外
で受ける場合も任意接種として扱われます．健康被害が発生した際は，定期接種
とは違う医薬品副作用被害救済制度[*7]が適用されます．

2）定期接種のスケジュール

2022 年現在，小児の定期接種に指定されている 11 種のワクチンについて，接
種スケジュールを**図1.11** に示しました．Hib，PCV，B 型肝炎は生後 2 カ月か
ら接種が可能です．DPT-IPV の四種混合は生後 3 カ月から一般的には 1 カ月間
隔で 3 回接種し追加接種は 1 歳を過ぎてから（3 回目接種後 6 カ月以上経過して）
と定められています．BCGは 3 カ月過ぎから 1 歳までに接種することになります．
風しん・麻しんの混合ワクチンである MR ワクチンは I 期接種を 1～2 歳までに，
II 期接種は小学校入学前までに行うことになっています．水痘ワクチンは 2014
年に定期接種に加わったワクチンで，1 歳以降で 2 回の接種（3 カ月以上の接種

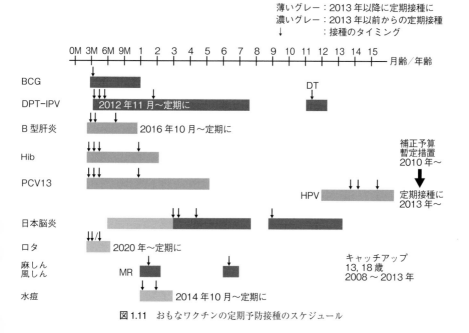

図1.11　おもなワクチンの定期予防接種のスケジュール

*7　任意接種ワクチンに限らず医薬品により入院を伴う重篤な健康被害（死亡含む）が生じた場合，独立
行政法人医薬品医療機器総合機構（PMDA）による給付が受けられる制度．

間隔をとる）が必要です．保育園や幼稚園で広まりやすいロタウイルスは，長年定期接種化が待望されてきましたが，2020年10月にようやく定期接種に加えられました．ムンプスは，かつてはMMRという風しん・麻しん・ムンプスの三種混合ワクチンとして定期接種に組み込まれていましたが，無菌性髄膜炎の問題が発生したため（1.3.4項「最近問題となった副反応」参照），風しん・麻しんのみのMRワクチンに変更されています．その後，ムンプス単味ワクチン*8として使用され依然として任意接種という扱いにとどまっています．

3）同時接種って危なくないの？

さて，このスケジュールに従うと生後2カ月から1歳までに15〜16回もワクチンを接種することになり，幼い子にたくさんのワクチンを打つことを不安に感じる人もいることと思います．各ワクチンの接種推奨時期に幅があるので，どのような順序で接種すればよいか悩む人もいるでしょう．生ワクチンであるBCGとロタウイルスワクチンに関しては，次の接種までに4週間あけるようにしましょう．ロタウイルスワクチンは飲むタイプのワクチンで，他の注射タイプのワクチンとは免疫の場が違うので同時に接種を行って大丈夫です．Hib，PCV，DPT/IPV，B型肝炎ワクチンは不活化ワクチンなので同時に接種しても原理的には抗体応答に問題ありませんが，同時接種により副反応である発熱の頻度が高くなる傾向があります．特にPCVは単独で接種しても1回目と2回目の発熱率が高いことがわかっています．5〜6本を同時に接種しても大丈夫という考え方もありますが，ワクチンは体内に人工的な炎症反応を起こすことで獲得免疫を誘導する，つまり体に病原体を記憶させるものですから，赤ちゃんにやさしい節度ある同時接種が望まれます．接種したワクチンは逐次母子手帳に記録し，かかりつけ医ともスケジュールを十分に相談することを推奨します．

■1.4.2　予防接種の変遷

1948（昭和23）年に制定された予防接種法は，その時代を反映し，腸チフス，発疹チフスなどのワクチンが含まれていました．その後の時代の流れに合わせて

＊8　ムンプス単味ワクチンはその有効性が認められており，副反応の頻度もかなり低いものの，国はMMRワクチンの副反応問題があったために慎重な姿勢を示しています．しかし，ムンプスには難聴という子どもの人生に大きく影響する後遺症を残す可能性があり，日本小児科学会をはじめ医師らのアカデミアは定期接種化を強く求めています．

表 1.10 予防接種法の変遷

年	内容
1948（昭和 23）年	予防接種法公布（痘瘡，ジフテリア，腸チフス，パラチフス，百日咳，結核，発疹チフス，ペスト，コレラ，猩紅熱，インフルエンザ，ワイル病）
1951（昭和 26）年	結核予防法施行（予防接種法から結核を削除）
1961（昭和 36）年	生ポリオワクチンの追加
1962（昭和 37）年	インフルエンザワクチンの集団接種
1968（昭和 43）年	DTwP 定期接種に
1976（昭和 51）年	健康被害の法的救済制度，定期接種（痘瘡，ジフテリア，百日咳，ポリオの 4 疾患），一般臨時接種（インフルエンザ，日本脳炎）
1977（昭和 52）年	定期接種に風しんワクチンを追加
1978（昭和 53）年	定期接種に麻しんワクチンを追加
1980（昭和 55）年	定期接種から痘瘡を削除
1985（昭和 60）年	B 型肝炎ワクチン導入
1986（昭和 61）年	母児感染予防
1987（昭和 62）年	水痘ワクチン導入
1994（平成 6）年	個別接種化 　勧奨接種（DPT，ポリオ，麻しん，風しん，日本脳炎） 　任意接種（インフルエンザ，水痘，ムンプス）
1995（平成 7）年	A 型肝炎ワクチン認可
2001（平成 13）年	65 歳以上の高齢者を対象にインフルエンザワクチンを追加
2003（平成 15）年	中学 1 年，小学 1 年の BCG を中止
2005（平成 17）年	ツベルクリン反応注射を省略 日本脳炎ワクチンの積極的勧奨の中止，第 III 期接種の廃止
2006（平成 18）年	麻しん・風しん混合ワクチンを 2 回接種に
2009（平成 21）年	H1N1 パンデミックワクチンの輸入
2010（平成 22）年	Hib，PCV，HPV ワクチン暫定的勧奨接種
2011（平成 23）年	ロタワクチン導入
2013（平成 25）年	Hib，PCV，HPV ワクチン勧奨接種に
2020（令和 2）年	新型コロナウイルス感染症ワクチンを特例臨時接種に位置づけ
2022（令和 4）年	新型コロナウイルス感染症ワクチン接種対象者の年齢制限を廃止

たびたび改正されています（**表 1.10**）．ここでは過去の主要な改正について説明します．

1）1976 年の改正—救済制度の導入

最初の大きな改正は 1976（昭和 51）年に行われました．最も重要な変更点は健康被害の法的救済制度です．その背景には，1960 年代後半にかけて問題にな

っていた種痘後脳炎と，1974〜75年の全菌体百日咳を含んだジフテリア・破傷風トキソイドの三種混合ワクチンの副反応問題がありました．同時に腸チフスなどのいくつかの感染症についてはワクチン以外の有効な予防手段が得られたことを受けて予防接種法から除外され，その後，あらたに風しん，麻しん，日本脳炎ワクチンが追加されました．さらにこの改正では，予防接種法の施行当初は接種を怠った場合に罰則がある「義務接種」とされていたのが，罰則なしに変更されました．

2) 1994年の改正—個人を尊重した努力義務，個別接種へ

続く1994（平成6）年の改正では，義務から努力義務（予防接種法第9条「接種を受けるよう努めなければならない」）へと変わり，ワクチン接種を推奨する「勧奨」という考え方になりました．その背景には，公衆衛生の改善によって感染症患者が減少したことや，個人の意思決定を尊重する動きもありましたが，最も大きかったのは1960年代後半に相次いだ種痘後脳炎をめぐる訴訟に対する1992（平成4）年の判決です（1.3.1項参照）．これに伴い，集団接種から個別接種へ移行します．それ以前は学校や地域の保健所でワクチン接種日が決まっていて集団でワクチンを受けていましたが，1992年の判決で「接種担当医への情報も不十分で，禁忌事項を見逃して禁忌に当たる者に接種したので重篤な健康被害を生じた」との見解が示されたことを受け，事前の問診もなく流れ作業でワクチンを接種することの危険性が見直されることになり，健康状態を把握しているかかりつけ医で各自が接種する個別接種に移行したのです．

さて，1994年の改正ではインフルエンザワクチンが定期接種から外れて任意接種扱いになりました．それまでは小学校で毎年インフルエンザワクチンの集団接種が実施されていたものの，社会全体のインフルエンザ流行はコントロールできず，集団接種の効果は薄いと結論づけられたためです．また当時，インフルエンザワクチンの副反応は卵アレルギーによるものと考えられており，アレルギーを理由に接種しない児童が多くなっていたことも一因です．この改正によりワクチンメーカーのなかにはインフルエンザワクチン事業から撤退するところもあったほか，全体的に製造量が控えられる傾向がみられました．また一般市民のあいだでも"任意"という表現が「受けても受けなくてもよいワクチンである」と捉えられ，インフルエンザワクチン接種率は著しく低下しました．

3) 2001年の改正—個人防衛という考え方の導入

　ところが，1997年のインフルエンザ流行に際して，高齢者施設では集団感染が多発し，重症化による死亡例も多数報告されました（**図1.12**）．すると，世間では手のひらを返したように「なぜワクチン接種を実施しないのか」という論調が起こりました．また，その後も毎年のように高齢者施設での集団感染が発生しました．これを契機に，インフルエンザワクチンは「感染を予防して社会全体のインフルエンザ大流行をコントロールするため」ではなく「感染すると重症化して死亡の恐れもある高齢者個人を防衛するため」という考え方に改められ，2001（平成13）年の予防接種法改正に至ったのです．この改正では対象疾病を一類疾病（集団流行を予防する従来の考え方に基づくもの；努力義務あり）と二類疾病（個人防衛という新たな考え方に基づくもの；努力義務なし）の2つに区分し，インフルエンザは高齢者に限定した二類疾病として定められました．これにより65歳以上の高齢者は定期接種としてインフルエンザワクチンを受けられるようになりました（費用は一部本人負担）．

　ちなみにこの個人防衛という考え方は，ワクチン全般において非常に大切です．よく「病気にかかってから治療すればいいのでは」という人がいますが，ワクチンには病気にかかることを防ぐだけでなく，重症化や合併症の発症を防げるメリットもあります．例えばインフルエンザの場合，子どもがかかるとインフルエン

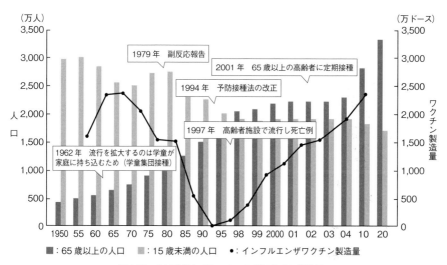

図1.12　人口動態とインフルエンザワクチン製造量

ザ脳症を発症し数日内に命を落とす可能性もあるため，重症化の予防には大きなメリットがあるといえます．高齢者がインフルエンザに罹患すると基礎疾患の増悪や，細菌性肺炎を合併することで死亡率の増加が認められています（超過死亡）．

4）2011 年の改正—パンデミックへの備え

2020（令和2）年初頭からの COVID-19 のような新興感染症による世界的パンデミックはそれ以前にもたびたび発生していました．1997 年に鳥インフルエンザ（H5N1）が流行した際，これが変異して新型ウイルスが誕生した場合の流行に備え，2007 年に H5N1 型ウイルスのパンデミックワクチンが開発・承認されました．さらに 2009 年，今度は H1N1 ブタ由来のインフルエンザウイルスが発生し，「新型インフルエンザ等対策特別措置法[*9]」が制定されるほどの大流行となりました．相次ぐ新興感染症の発生を受けて，2011 年の予防接種法改正では緊急性のある感染症が発生した際のために「新臨時接種」が新設されました．

■1.4.3　ワクチンギャップ

これまでも触れてきたように，日本では過去に起こった副反応問題を理由として新規ワクチンの導入に消極的な姿勢を示してきました．厚生労働省はわずかな頻度の副反応も問題視し，より安全性の高いワクチンの開発を求めるようになりました．諸外国ではすでに導入され，高い安全性が確認できているにもかかわらず，日本の定期接種に含まれていないワクチンが複数ありました．こうした状況を「ワクチンギャップ」と呼びます．「日本はワクチン後進国である」と評されることもあります．図1.13 に米国と日本の比較を示しました．

諸外国から立ち遅れるきっかけとなったのは，1993 年に起きた麻しん・風しん・ムンプスの三種混合ワクチン（MMR）による無菌性髄膜炎の問題でした．これ以降，日本では新規ワクチンの開発・定期接種への導入が 15 年間にわたりほぼ凍結状態となります．1993 年以降，2006 年までに新規導入されたのは 1995 年に任意接種になった A 型肝炎ワクチンと，MMR ワクチンに代わって承認された MR ワクチン（2005 年）のみでした．まさにワクチン不遇の時代でした．一方，このころ欧米では「ワクチンで予防可能な疾患（VPD）はワクチンで予防する」という基本方針のもと積極的なワクチン開発・導入を進め，細菌性髄膜炎の原因

[*9]　COVID-19 の流行でたびたび発令された緊急事態宣言は，この法律に基づくものです．

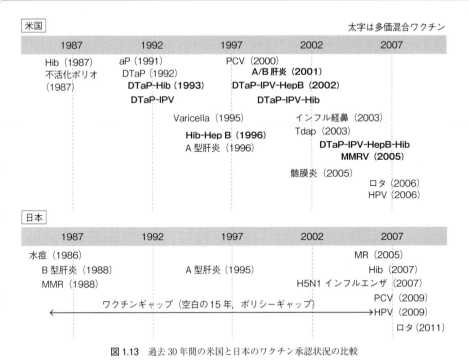

図 1.13　過去 30 年間の米国と日本のワクチン承認状況の比較

となるインフルエンザ菌 b 型（Hib，1990 年代）や肺炎球菌ワクチン（PCV，2000 年）のワクチンを相次いで導入しました．さらに予防接種の簡素化・効率化を目指してさまざまな多価混合ワクチンの開発に力を入れ，被接種者や保護者，医療従事者にとっての利便性向上も実現しました．

　こうした欧米の動向を知りながらも，日本では安全性の観点から新規ワクチンの導入を躊躇したのです．そもそも細菌感染症については「早期診断と抗菌剤の開発で制圧できる」という考えが国内で根強くあり，Hib や PCV のような細菌感染症ワクチンの必要性は容易には受け入れられませんでした．しかし，これらのワクチンを導入した国では細菌性髄膜炎や敗血症が激減し，日本では依然としてワクチンで守れる疾患で多くの子どもたちの命が奪われる状況が続いたため，「ワクチンギャップ」が叫ばれるようになりました．

　こうした機運を受けて日本では 2007 年に Hib ワクチンが承認され，翌 2008 年から任意接種が開始されました．2009 年には小児用 PCV（PCV7）とともに，海外ですでに普及していたヒトパピローマウイルス（HPV）ワクチンが承認され，

2010 年から Hib，PCV，HPV ワクチンが補正予算によって暫定的に定期接種に組み込まれました*10．2013 年からはワクチンギャップの解消を目標として掲げた予防接種法の改正がなされるとともに，これら 3 種類のワクチンが正式に定期接種に定められました．しかし，HPV ワクチンは副反応問題により積極的な勧奨は中断*11 されました．

　その後，ロタウイルスワクチン，髄膜炎菌ワクチンと次々に外国からワクチンが導入されています．また，2014（平成 26 年）には水痘と高齢者の成人用肺炎球菌ワクチン，2016（平成 28）年には B 型肝炎のワクチンが，いずれもワクチンギャップ解消を目指し定期接種化されました．積極的な勧奨は中断されていた HPV ワクチンも 2022 年に再開されています．

■1.4.4　筋肉注射と皮下接種

　アジュバントを含んだワクチンは我が国ではすべて皮下接種で投与することになっています．しかし，外国では筋肉注射（筋注）が一般的な投与方法とされています．なぜ，日本では筋注ができないのでしょうか．

1）筋肉注射と筋拘縮症

　1946（昭和 21）年に筋拘縮症の報告があり，その後，日本各地の整形外科医からの報告が相次ぎました．1960 年代頃から大腿四頭筋短縮症，筋拘縮症の報告が増加し，抗生剤と鎮痛解熱薬の混注が筋拘縮症の原因であることが明らかとなっていました．大きな社会問題となったのは 1973（昭和 48）年山梨県鰍沢町の三歳児検診で，歩き始めが遅い，お座りができない，歩行障害の子が多いことにある保健師が気づいたときでした．調べてみると，同町の産婦人科小児科医院で 1 歳までに大腿部に数回〜数十回の抗生剤と解熱剤の筋注を受けていたことが明らかとなりました．1975（昭和 50）年 4 月には日本整形外科学会から，大腿四頭筋拘縮症および類似疾患の発症が注射によることが多いと考えられるので，注射を必要とする場合には十分な配慮を行うこととの要望書が提出されました．これを受けて 1976（昭和 51）年 2 月に日本小児科学会筋拘縮症委員会が以下の提言を発表しました．

＊10　2011 年 3 月には Hib，PCV を含むいくつかのワクチンを同時接種後に複数の死亡例が報告されたことを受け，一時中断されましたが，その後の調査で因果関係がないとして 1 カ月後に再開されています．
＊11　定期接種から除外されたわけではなく，対象年齢の女子が希望する場合には接種できました．

注射に関する提言（Ⅰ）

　　①注射は親の要求によって行うものではないこと

　　②経口投与で十分なら注射すべきでないこと

　　③いわゆる「かぜ症候群」に対して注射は極力避けること

　　④抗生剤と他剤の混注は行わないこと

　　⑤大量皮下接種は避けること

注射に関する提言（Ⅱ）

　　①筋肉注射に安全な部位はない

　　②筋肉注射に安全な年齢はない

　　③筋肉注射の適応は通常の場合において極めて少ない

2）ワクチン接種による筋拘縮症の有無の検討

　大腿四頭筋の中の大腿直筋が骨盤の下前腸骨棘と膝蓋骨を結んでいます．大腿部の前面中央部に筋注するとこの大腿直筋が拘縮して膝関節を曲げることができなくなってしまいます（**図1.14**）．

　1976（昭和51）年以降，国内では筋肉注射という医療行為は新生児のB型肝炎のキャリア予防のためのガンマグロブリン製剤の筋注以外は封印され認められていませんでした．ワクチン接種による筋拘縮症は報告されていませんが，すべて皮下接種となっています．筋拘縮症委員会の報告書の中で，ヒトの筋拘縮症の病理組織所見は動物で再現できることから，筋注製剤は実験動物を用いて検証す

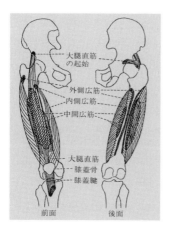
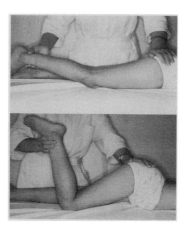

図1.14　大腿四頭筋拘縮症

（注射による筋短縮症全国自主検診医師団学術調査委員会編：注射による筋短縮症，三一書房，1996）

ることと提言されていました．しかし，従来，こうした検討は行われておらず，ワクチン接種ではかつて認められた筋拘縮症を起こさないことを調べてみました．

　我が国で使用されているワクチンをアルミニウムアジュバント含有と非含有のワクチンに分けてマウスに接種し組織学的所見を検討した結果を示します（**図 1.15**）．Hib，日本脳炎，インフルエンザ（Flu）ワクチンはアルミニウムアジュバントを含有していないワクチンです．DPT ワクチン（アルミニウムとして 150 µg／接種），PCV7（125 µg／接種），HPV ワクチンのガーダシル®（225 µg／接種）とサーバリックス®（500 µg／接種 +MPL 50 µg／接種）にはアジュバントが含まれています（1.2.7 項「アジュバントの役割と歴史」(p.22) 参照）．

　（a）左のパネルは家兎に抗菌薬のクロラムフェニコール（CP）を 2 回接種した後の組織の写真です．正常の筋肉細胞はほとんどみられません．（a）右のパネルは抗菌薬の AB-PC と MPI-PC の合剤を 2 回接種した後の組織で下のほうに正常の筋肉組織が残っていますが，筋細胞の壊死と線維化がみられ，抗菌薬の筋注により筋肉組織の破壊が起こっています．

　（b）はアルミニウムアジュバントの有無による現行ワクチン接種後のマウス組織です．アジュバント非含有群では，Hib，インフルエンザワクチン接種後の 1 例に軽度の炎症反応が認められ，注射による物理的な炎症と思われます．一方，DPT ワクチン，PCV7，HPV のアジュバント含有ワクチン接種後の所見は共通しており，接種後数時間で好中球の浸潤を認めその後マクロファージが浸潤し炎症反応を限局化させ，治癒機転に誘導し中央部は瘢痕壊死を認める炎症性肉芽腫（にくげしゅ）を形成しています（**図 1.15 矢印**）．DPT ワクチンで筋注，皮下注後の炎症性結節を比較すると筋注のほうが早期に吸収されるものの 6～12 カ月は残っていることがわかりました．急性期を過ぎると炎症反応の存在は認められず急性期の 1 週間以内において接種局所に炎症性サイトカインが検出されるのみで HPV ワクチン接種後の慢性の疼痛との関連性を示唆する所見は認めませんでした．

　これらの結果をまとめると，

　①現在使用されているワクチンは，筋注しても筋拘縮症にみられた広範な筋細胞の変性，壊死，萎縮は認められない．

　②アルミニウムを含んでいないワクチンでは，何も反応がないか，注射による物理的な刺激による損傷からの修復過程と思われる軽度の炎症反応が認められる．

　③アルミニウムアジュバントを含有したワクチンを筋注すると，接種した直後

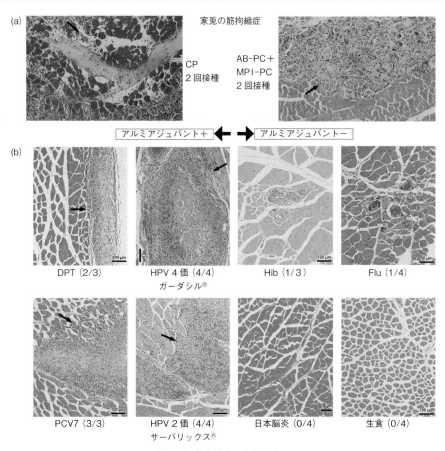

図 1.15　筋拘縮症の動物モデル

(a) ウサギの筋肉に異なる抗生物質（左：クロラムフェニコール，右：AB-PC と MPI-PC の合剤）を注射した場合の組織所見．ヒトの大腿四頭筋筋拘縮症と同様の異常が起きている（宮田ほか：注射による筋短縮症，三一書房，1996），(b) 現行ワクチン接種後のマウスの組織所見．アルミニウムアジュバント含有（左）と非含有（右）で明らかな違いが生じている（中山哲夫：*Vaccine*, **32**(2014): 3393-3401）．

　　の 3 時間後くらいから早期には好中球を主体とした炎症細胞が浸潤し，その 1 カ月後にはアルミニウムを貪食したマクロファージが炎症性肉芽腫を形成し始める．組織所見は筋注も皮下注も同じ所見で 6 カ月から縮小傾向を認め，筋注の方が早く吸収される傾向にある．

ということがわかりました．

　　筋注に推奨されている場所を示しました（**図 1.16**）．大腿外側中央部，上腕三角筋中央部が推奨されており，上腕外側下 1/3 の部位の筋肉組織は少ないため筋

大腿外側中央部　　　　　　　上腕三角筋中央部　　　　　上腕外側下 1/3
　　　　　　　　　　　　　　　　　　　　　　　　　　　筋注には不適

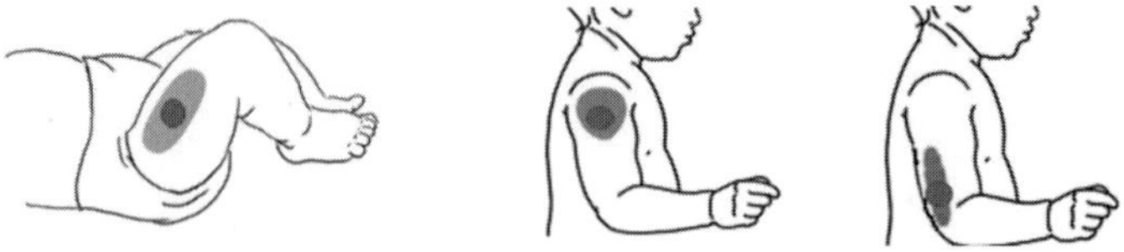

図 1.16　ワクチンの接種部位

注には適しません．エコー検査で乳幼児の皮膚表面から筋膜を越えて骨膜に当た
らない長さを検討すると使用する針の長さは 5/8 ゲージ（16 mm）となります．

　また，皮下注と筋注後の免疫応答を検討してみると，有意差はないものの筋注
後の抗体応答が高い傾向はあります．

II章　ワクチンの歴史

　ワクチンの歴史はエドワード・ジェンナー（1749~1823）の種痘に始まります．種痘は，牛痘つまりウシが罹る天然痘のウイルスをヒトに接種する方法で，生ワクチンの始まりです．一方，不活化ワクチンの原点はルイ・パスツール（1822~1895）による狂犬病ワクチンです．この2人をはじめ，数多くの病原体を発見したロベルト・コッホ（1843~1910），抗体の存在を発見した北里柴三郎（1853~1931）ら多くの先人たちが，感染症学，ワクチン学，免疫学の基礎を築いてきました（図2.1）．

　ジェンナーが種痘を初めて施行したのは1796年5月14日です．ウイルス学，細菌学，免疫学がサイエンスとして確立したのは20世紀に入ってからですから，ワクチンはそれよりもはるか前に，先人たちの経験からの閃きにより開発され世界に広まっていったことがわかります．同時に，「種痘を受けると牛になる」とか「子孫末代まで祟られる」といった誤解も一緒に広まっていきました．ワクチンに対する誤解は開発当初から認められ，今にして始まったものではありません．

　ワクチンの礎を築いた先人たちはどのように考えていたのでしょうか？　本章

ジェンナー　　　　　　　　　パスツール　　　　　　　　　コッホ

図2.1　ワクチンの歴史にかかわった先人たち

では，彼らが経験的に見出した法則に現代科学の見地から補足を与えることで，現代のワクチンが誕生するまでの歴史をわかりやすく説明しようと思います．

2.1　ワクチンの先駆者—ジェンナー

■2.1.1　天然痘と人類の戦い

世界の4大文明発祥の地は，エジプト，メソポタミア，インド，中国といわれています．人が集団生活を始めた頃から天然痘という病気がありました．天然痘は強い伝染力を持っており，罹ると発熱，全身の皮膚に膿をもった発疹（膿疱疹）が出現し，感染者の20～30％前後の人が亡くなる重篤な感染症でした．発祥の源はインドのインダス川上流とされ，そこから東西に伝播し，中東を経てアフリカ大陸にまで伝播したと考えられています（**図2.2**）．紀元前1141年に亡くなったといわれている古代エジプト王ラムセスⅤ世の頬部や頭部からは天然痘のか

紀元前1141年：古代エジプト王ラムセスⅤ世

12～13世紀　十字軍の遠征によりヨーロッパで流行

中国にも伝播

735年
日本で天然痘の流行

天然痘はインダス川流域から各文明に伝播したと考えられている．

16世紀：インカ帝国滅亡

スペイン軍がもたらした天然痘により人口が激減し滅亡に至った．

図2.2　天然痘の伝播

さぶたの痕が見つかっています．ヨーロッパには十字軍の遠征で持ち込まれ，感染が拡大したようです．中国までは大陸伝いに広まり，日本には遣隋使，遣唐使といった人の交流により735年に伝播したといわれています．しかし，海を越えて南北アメリカの新大陸まで伝播することはなかったようです．

　アメリカ大陸に天然痘が持ち込まれたのはコロンブスによる新大陸発見（1492年）以後のことで，メキシコのアステカ帝国，ペルーのインカ帝国を征服したスペインの侵攻軍が持ち込んだといわれています．それまで天然痘の流行がなかった新大陸ではまたたく間に感染が拡大し，武力による制圧よりも天然痘による力が大きく，世界初のバイオテロといってもよいほどでした．原住民がバタバタと倒れるなか，スペイン侵攻軍はすでに免疫を持っていたため誰も罹患することはなく，新大陸の住人たちは天然痘にも罹らないので神のような存在だと思いました．

　日本は島国なので，ユーラシア大陸じゅうに広まった少しあとになって天然痘が持ち込まれました．前述の通り，遣隋使の頃に伝播したというのが定説ですが，仏教伝来とともに日本に伝わったという説もあります．『日本書紀』では欽明天皇（509？〜571？）の時代の記録として「瘡発でて死る者—身焼かれ，打たれ，摧かるるが如し」と書かれています．折しも，当時は仏教が伝えられたばかりで崇仏派の蘇我馬子は寺を建て信仰していましたが，この流行り病が起こり廃仏派の物部氏は「古来の神をないがしろにしたせい」として天皇に働きかけ仏教禁止令を出しました．しかし，流行はおさまらず，585年には大流行となり，聖徳太子の父親の用明天皇も，この流行り病により587年に亡くなったとされています．当時，日本は朝鮮半島との交流がありましたから，仏教伝来以前にすでに持ち込まれていたとしても不思議ではありません．しかし，エジプトと違い日本にミイラはなく記録から推察することしかできませんので，この流行を天然痘と断定するのは難しく，麻疹だったととらえる向きもあります．なお，用明天皇が病気になった時に仏教に改宗し，これを期に仏教は日本に広く根付いていきました．

　奈良時代になって735年に天然痘の流行があったことが『続日本紀』などの史料に記載されています．大きな水ぶくれはエンドウ豆のようで，当時は豌豆瘡と呼ばれていました．当時政権にあった藤原4兄弟が天然痘に罹患して737年に亡くなっています．百人一首のなかに，藤原義孝の「君がため惜しからざりし命さえ長くもがなと思ひけるかな」という歌があります．「あなたのためなら捨てても惜しくない命と思っていましたが，恋を成就した今はあなたのために長く生き

たい」と解釈され，一般的には恋歌と思われていますが，「自分の子供のためなら我が命を捧げるのも惜しくはないが，天然痘に罹って死ぬ運命にあり，我が子のためにもっと長く生きたい」という解釈もされています．致死率の高い病気のため「痘瘡（天然痘）すむまで我が子と思うな」ともいわれていました．この時代は天然痘に対してなす術もなかったことから，天然痘撲滅の祈願をこめて建立されたのが奈良の大仏（東大寺盧舎那仏像）です（**図 2.3**）.

図 2.3　天然痘は人の交流とともに―奈良の大仏像（撮影：Mass Ave 975/CC BY-SA 3.0）

　その後も流行は繰り返し，独眼竜政宗の名でも知られる戦国武将の初代仙台藩主伊達政宗は幼少時に天然痘に罹って右眼を失明したといわれています．徳川三代将軍徳川家光，家光の乳母である春日局[*1]，吉田松陰，高杉晋作，江戸時代最後の孝明天皇など，歴史上の多くの人物が天然痘に罹っています．

　こうした大変な病気ですから，昔から多くの挑戦が行われてきました．7 世紀インドではヘビ毒によって天然痘の毒を制するようなことが行われていたともいわれています．それらしく効果のある方法としては，16 世紀頃から中国で行われていたバリオレーション（variolation；人痘接種法）があります．これは天然痘のかさぶたを鼻に詰める，かさぶたの粉末を鼻に吹き込む，天然痘に罹った子どもの下着をもらってきて健康な子に着せる，天然痘の膿を綿棒に染みこませて鼻に詰める，といった方法でした．トルコでも同じように天然痘の膿をつけた特別な針で皮膚に接種する方法が行われていました．英国にはこのトルコ式が1720 年代に普及しました．英国のトルコ大使だったエドワード・ウォートリー・モンタギューの妻メアリーは夫の赴任地のトルコで行われていたこのバリオレーションに興味を持ち，英国大使館付きの医師だったチャールズ・メイトランドに指示し 5 歳の息子エドワードにこれを接種させました．さらに 3 年後の 1721 年，ロンドンに戻ったメアリーは天然痘の流行を目の当たりにし，3 歳の娘メアリーにもバリオレーションを行うようメイトランドに指示しました．その後，今では考えられないことですが，囚人や孤児を対象にこれが試され，有効性が確認され

[*1]　春日局はあばた顔，つまり天然痘にかかって治ったことの証があり，天然痘は一度かかれば二度と罹らないことが知られていたため，未来の将軍を任せるのに安心だとして乳母に採用されたといわれています．

るやいなや1722年にはウェールズ公妃キャロラインが2人の娘にこれを受けさせました．このバリオレーションを受けた人の2%は重症化して亡くなっており，危険を伴う方法であったものの，天然痘に自然感染した場合の死亡率は20～30％と高く，その1/10の死亡率なら背に腹は代えられぬと考えた親が多かったようで，急速に普及していきました．

■2.1.2　ジェンナーと牛痘接種法

　トルコから持ち込まれたバリオレーションが王室の支持を得て英国国内で普及していたこの当時，英国の農民の間では「牛痘*2に罹るとその後天然痘に罹らない」という言い伝えが信じられていました．例えば，ベンジャミン・ジェスティという農夫は，自分の妻と2人の子どもを牛痘に感染させることによって天然痘の感染から免れたといわれています（ジェンナーの種痘発明より20年も前のことですが，ジェンナーはこの出来事自体は知らなかったようです）．こうした民間伝承を科学的に追究し，バリオレーションと比べてより安全な種痘という方法を生み出したのがジェンナーです．

　ジェンナーは1749年に英国のバークレーという村の牧師の家に生まれました．父親は早くに亡くなり，兄に育てられたそうです．ジェンナー自身も幼少期に前述のバリオレーションを受け，副反応の天然痘の症状によって苦しい思いをした原体験があったようです．大人になった彼は医師としてバリオレーションを行う立場になりますが，ある時水疱を持った患者を診察した際「私は牛痘にかかったから天然痘にはかからない」と言われたことに強く印象付けられ，1778年から牛痘を利用した天然痘予防法の研究に乗り出します．

　1796年5月14日，ジェンナーは使用人の子ジェームズ・フィップス少年（8歳）に初めて牛痘を接種します．牛痘に感染したサラ・ネルムズの膿疱疹にフィップスの腕を小さな針で傷つけて擦りつけたところ，7日後にはフィップスの腕には膿疱疹が出現したものの重篤な症状はみられませんでした．それからさらに約40日後の7月1日，フィップスにバリオレーションで天然痘を接種したところ膿疱疹の出現はなく，発赤を認めたのみであったようです．この例を英国王立協会に提出しましたが，1例の報告では受理されなかったのでその後症例を増やし

---

*2　牛痘はその名の通りウシが罹る病気ですが，牛痘を発症したウシと接することでヒトにも感染します．ただし症状は，接触部位の水疱疹，発熱，リンパ節炎など，非常に軽く済むことで知られています．

ています．フィップスの例は牛痘に感染したヒトからの接種でしたが，牛痘に感染したウシからの直接接種も5歳のウィリアム・サマーズに実施しています（**図2.4**）．また，馬痘からの接種も行われています．この馬痘からの接種は大きな意味合いを持っています（後述）．

　現代のウイルス学では，軽くかかっても免疫ができること，近縁のウイルス（ここでは天然痘と牛痘）で交差免疫能が誘導されることが知られており，ジェンナーはウイルス学の誕生以前に経験則からこれを見出していたといえます．また，ジェンナーは牛痘や天然痘にかかった人にバリオレーションを行い，天然痘の水疱

ネルムズの手（ジェンナーの研究より）

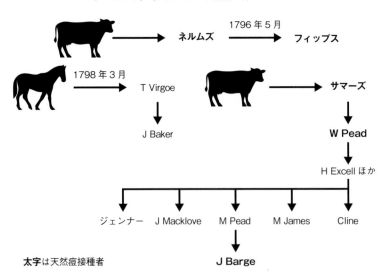

図2.4　初めての牛痘接種

1796年5月14日，ネルムズの水疱にフィップスの腕を擦りつけたところ，7日後にフィップスの腕に膿疱疹ができた．1796年7月1日，フィップスにバリオレーションで天然痘ウイルスを接種したところ，バリオレーションの膿疱疹は出なかった．すなわち，天然痘には罹らなかった．これは，免疫ができたことを示す．牛痘からの直接接種はサマーズで，馬痘からも接種．何例か試して，バリオレーションで天然痘のウイルスを接種した部位に水疱はできないが発赤疹ができた．これは，細胞性免疫能を獲得していることを示す．（Plotkin, S. A.: *History of Vaccine Development*. Springer, 2011）

疹は認めず赤い発疹を認めるのみであったことも観察しています．これは結核菌への感染の有無を調べるのにかつて使われていたツベルクリン反応と同じ現象で，天然痘ウイルスに対する細胞性免疫を獲得したことの確認になっていました．

　文献によっては，「ジェンナーは自分の子どもに最初に種痘を行った」と書かれていますが，これは誤りです．彼が牛痘を使った予防法の研究に乗り出して間もない1780～1790年頃に，英国では天然痘によく似た軽い病気が流行っていました．当時は豚痘（ブタがかかる天然痘）が人間に感染したものだと考えられていました．実は，ジェンナーは1791年に自分の長男にこの豚痘を接種しており，その後も何人かに試していますがうまくいきませんでした．後でわかったことですが，豚痘は人に感染することはなく"豚痘"と呼ばれていた病気は小天然痘と考えられています．天然痘には重症で致死率の高い「大天然痘」と軽症の「小天然痘」があることが後でわかってきました．

　こうした試行錯誤を経て生み出されたジェンナーの種痘法は世界中に広がっていきます．20世紀になって種痘のウイルスの遺伝子を解析したところ，牛痘ではなく馬痘（馬にグリースという水疱を起こす皮膚の病気）であった可能性が高いことがわかりました．牛痘は当時あまり流行っておらず，牛痘ウイルスではなく馬痘ウイルスに感染したウシの水疱疹から種痘が行われていたのだと考えられます．実は，ジェンナー自身もその可能性は考えていたのかもしれません．そう考えたからこそ，馬痘からの接種も行ったのだと思います．ジェンナーは自然科学に興味を持っており，カッコウが別のトリの巣に卵を産み抱かせていること（托卵）を発見したことでも有名です．こうした探求心と観察力が種痘の発明につながったのかもしれません．ちなみに，ワクチン（vaccine）という名称はラテン語で雌牛を意味するvaccaに由来しています．不活化ワクチンの元祖である狂犬病ワクチンを発明したパスツール（詳しくは2.2節参照）がジェンナーの偉業をたたえる講演で，ワクシネーション（vaccination），ワクチン（vaccine）という言葉を使ったことによります．

　さて，この時代の母親たちはなぜジェンナーの実験的牛痘接種に我が子を連れて行ったのでしょう？　その根底にまず，天然痘への恐怖があったのは間違いないでしょう．天然痘に罹ると4人に1人は死亡し，回復しても失明，瘢痕が残る恐ろしい疫病でした．モンタギュー家のメアリー夫人によって広められたバリオレーションはある程度効果が高いものの，50人に1人が死亡するなど重篤な副

反応が一定の割合で発生していました．これに対して，ジェンナーの発明した種痘に使われている牛痘は家畜にありふれた病気で，ウシを扱う人がしばしば感染していましたが生命を脅かすものではないことがわかっていました．おまけに，実際に牛痘に罹った人たちはその後，天然痘に罹っていないのです．

　こうした正しい情報をジェンナーと母親たちは知識として共有しており，母親たちは自らの判断で種痘を受けに連れて行ったことになります．これは，現代のワクチン接種率向上のためにも必要な考え方です．Ⅰ章でも書いたように，ワクチンのデメリット（副反応）はゼロではありません．しかし，自然感染の脅威やワクチンのメリット（重症化や死亡を予防できる）の大きさを正しくとらえてワクチン接種を検討すること，そして現時点でわかっているかぎりの正確な情報を医師や専門家が提供する，その情報を保護者や本人が受け取る，というコミュニケーションをとることがどの時代にも共通して重要なことだと思います．

■2.1.3　種痘法の普及と改良

　ジェンナーは人から人へ種痘を植え継いで種痘法を広めていきました．ヨーロッパや北米には当時の研究仲間からの個人的なつながりで広がっていきました．天然痘で新大陸を征服したスペインはその“罪滅ぼし”か，種痘法の世界への普及に大きく貢献しています．1803 年にフランシスコ・ザビエル・デ・バルミスはスペイン国王とカトリック教会の支援を受けバルミス派遣団を組織して，子ども達 22 人（教会に保護されている孤児）を連れ，9〜10 日ごとに，2 人に種痘を植え継ぎながら大西洋を越えて新大陸を目指しグァテマラに着きました．さらに，1805 年にはメキシコから子ども達 16 人を連れてフィリピンに種痘法を伝え，マカオ，広東（現在の中国広東省）まで普及することになりました（図 2.5）．ここまで来たら，日本はすぐなのに，日本はこの頃鎖国をしていて交易があった国はオランダと中国だけでしたから，彼らは日本の存在を知りませんでした．種痘は東インド会社のオランダ総督府経由でも，1804 年にはジャカルタに届いていました．

　細菌やウイルスがヒトに感染した時には，潜伏期間といってはっきりとした症状が出ない時期があります．この時期は病原体が体内でどんどん増えています．種痘を植え継いでいく間に，たまたま他の病気の潜伏期間であったり，症状のない B 型肝炎キャリアの人がいたりすると，その後の人に病気をうつすといった

ヨーロッパと北米には研究仲間とのネットワークで拡がりました

個人のネットワーク

バルミス派遣団

（オランダ総督府（ジャカルタ）にフランス経由で1804年に到着

1803年　スペインから大西洋横断（グァテマラ）
フランシスコ・ザビエル・デ・バルミスが子ども22人を連れて9～10日ごとに2人ずつの子どもに植え継いで維持していきました

1805年　メキシコからフィリピン
子ども16人を連れてマカオ，広東へ
日本の存在は知られていませんでした

← 個人のネットワーク

← バルミス派遣団

図 2.5　種痘法の伝播

不幸な事件が起こりました．例えば，1883年にドイツの造船所で種痘を約1,200人の従業員に実施した際，数週～数カ月後に全体の15%の人に黄疸の症状が出現しました．植え継ぎの間にB型肝炎のキャリアがいたものと考えられます．当時はB型肝炎ウイルスの存在もわかっていませんでしたが，人を介した植え継ぎには問題もあるということがわかった代表的な事件でした．それ以外にも種痘の植え継ぎでは梅毒の感染が起こることも経験的にわかっていました．

　ヒトを介する種痘は他の感染症拡大の温床になりうることから，ヒト以外の動物を使って種痘の痘苗種（種ウイルス）をつくることが考案されました．1841年頃のことです．ウシの皮膚の毛を剃って種痘を植え，膿疱疹ができた時にヒトへの接種をしていたようです．梅毒など他の病原因子の混入は避けることはできたのですが，ウシについている雑菌が痘苗種に混入するなどの新たな問題点も出てきました．また，ウシ結核に感染したウシからヒトが結核を発症したケースもありました．そこで，雑菌の汚染を防ぐためにフェノールが使われ始めました．

　こうした問題が現代のワクチン製造で起こらないのは，細胞培養という手段があるからです．この技術を使えば，動物の組織から細胞をバラバラにして試験管で培養でき，動物個体を用いてワクチンを製造するよりも確実で安全です．1880

年代に誕生した細胞培養法が 1940 年代から進歩し，米国の医学者ジョナス・ソークがサル腎細胞培養法でポリオワクチンを開発することができました．1950年代にかけてムンプスウイルスや麻疹ウイルスが分離され，ワクチン製造にも細胞培養法が有用であることが明らかにされたのです．

　ウシを使って痘苗種をつくっていた頃，ウシに接種して増えにくくなったらウサギに接種するとよく増えるようになることが知られていました．1960 年代初頭に国内で開始された天然痘ワクチン開発において，千葉県血清研究所の橋爪壮はこの情報をもとにウシ腎細胞とウサギ腎細胞で種痘ウイルス（ワクシニアウイルスといいます）の培養を試したところ，ウサギ腎細胞のほうがうまく増殖できたそうです．こうして，ウサギ腎細胞を用いて試験管内で種痘ウイルスを増やすことができるようになりました．さらに橋爪は研究に尽力し，ウサギの腎細胞でウイルスを継代することによってより安全性の高い弱毒株（LC16m8）を 1976年に樹立しました．しかし，同年に日本では種痘が中止され，さらに 1980 年には WHO により天然痘根絶宣言が出されたため，これが実際に使われることはなく，このワクチンウイルス株は天然痘のテロ対策として，日本，米国で備蓄・維持されています．

　ジェンナーの行った牛痘接種法に「種痘」という漢字を与え，痘苗種の「苗」「種」という漢字をあてた日本人の叡智には，タネを植え継いでいく農耕民族のコンセプトが反映されているように感じます．

■2.1.4　種痘伝来―日本のワクチン政策の始まり

　ジェンナーの発明した種痘が世界中に広まっていた頃に日本は鎖国をしていたため，バルミス派遣団などによるメジャーなルートで日本に持ち込まれなかったのは 2.1.3 項で述べた通りです．それでは，日本にはいつ，どのように種痘が伝来したのか見ていきましょう．

　江戸時代，我が国では中国式の人痘接種法が行われていました．中国の商人である李仁山から教わった大村藩の藩医がこれを遊女に実施したようです．こうした接種法が 1752 年に日本に伝わった『医宗金鑑』にまとめられていますが，広く普及することはありませんでした．久留米の医師である緒方春朔は『医宗金鑑』にならって人痘接種を積極的に実施していましたが，接種によって天然痘になる例もあり，また人々は天然痘が流行った時に受けに来る程度で広く普及するまで

には至りませんでした．当時は鎖国中でしたが清（中国）とオランダには門戸が開かれており，安全で有効である種痘法の知識は書物を通じて日本にも入っていたようです．

1807 年，蝦夷の択捉島で漁場の番人をしていた中川五郎治（1768〜1848）はロシア軍に襲われシベリアに 5 年間抑留されました．その後，東方進出をねらって千島列島の地理の調査をしていたロシア艦長のゴローニンが幕府に捕えられ，捕虜交換によって中川は松前に戻ってきました．シベリア抑留中にロシア語にも習熟した彼は，牛痘接種法が天然痘の予防に有効であることを知り，ロシア人医師のもとで種痘法を習得し日本に種痘の種を持って帰ろうとしました．しかし，それはかなわずに種痘を説明した本を持ち帰ってきました．帰国後，江戸幕府に抑留され事情聴取を受けたものの，種痘の本の重要性は幕吏には理解されず，ずっとたなざらしにされていました．箱館（現在の函館）に送り戻されたのち1824 年に箱館で天然痘の流行があり，種痘の存在を知っていた地元の商人から種痘の依頼を受けていました．ちょうどその頃にウシに牛痘の流行が起こり，膿疱液を採取しヒトからヒトへ種痘を実践したことの記録が残っているようです．しかし，その方法を伝授して広く普及させることはしなかったようです．

ロシアから種痘を持ち帰ろうとした日本人は中川のほかにもいます．1810 年，摂津（今の兵庫県）の商船が紀州沖で難破したのちロシアに漂着しました．この商船の乗組員であった安芸（今の広島県）の久蔵という男がロシアで中川五郎治とともに生活し，遅れて日本に送り戻されてきました．その時にロシアから種痘の痘苗種を持って帰ったものの，五郎治が持ち帰った種痘の説明書と同じく種痘の種の重要性も全く認識されることなく幕府や芸州藩（現在の広島）に棚晒しにされました．こうした中川五郎治や久蔵の話は，吉村昭の小説『北天の星』に書かれています．

せっかく中川らにより日本に持ち込まれた種痘でしたが，幕府や藩主の理解が乏しかったためにその価値が共有されずにいました．その一方で，ジェンナーの種痘法はバルミス派遣団らの尽力によって世界中に広まり，1805 年にはアジアまで到達しました．1823 年にシーボルトが来日すると当時の最先端の知識がもたらされ，そのなかには安全で有効な種痘法もありました．これを機に，蘭方医はその痘苗種をいかにして輸入できるかを考え，交易のあった中国（清）もしくはオランダ東インド会社からの導入を計画しました．シーボルトと交代で日本に

来ることになっていたオランダ商館医師のモーニッケに依頼してジャカルタから痘苗種を持ってきてもらいましたが，日本までは 1 週間以上の船旅に加え入国の手続きのためさらに 2 週間待たされて，暑い東南アジアから着いた時にはすでに失活していて子どもたちに接種しても膿疱疹はできませんでした．ガラスの小さな管の両端を焼いて密封したり，スライドグラスの真ん中を穴状に削って水疱液を入れてスライドガラスを合わせて密閉したり，当時としては最先端の材料を使って運ばれてきましたが，それでも種痘の種ウイルスは，今の考え方では生ワクチンですから高温でウイルスが死んでしまったのでしょう．

　その時に，「種痘の膿疱疹の水疱液を持ってくるのではなく種痘のかさぶたを持って来たらどうか」というアイデアを出したのが佐賀鍋島藩医の楢林宗建（1802～1852）であるといわれています（図 2.6）．人痘接種の経験から人痘の保存法としてかさぶたを保存することが有効であることが経験的にわかっていたからだと思います．なお，人痘接種を行っていた春朔は，発症 11 日目にかさぶたを採取し冷暗所に保存すると，冬場で 50 日，夏場で 30 日保存できることを『種痘必順弁』として記載しています．細胞内にはたくさんのウイルスがいるので，細胞であるかさぶたをウイルスの長期保存方法として用いるのは現代のウイルス学的にも理にかなっているといえます．このようにして 1849 年 6 月 23 日，長崎の出島に種痘のかさぶたが届きました（太陽暦では 8 月 11 日といわれています）．

　出島に出入りできる人は限られていました．天然痘に罹ったことがある大人には接種しても膿疱疹はできませんので，出島に出入りできる大人で試してもあまり意味がありません．そこで楢林宗建の息子（建三郎）と通訳の子ども 2 人の計 3 人の子ども達を連れて「熱が下がらないからモーニッケ先生の診察を受ける」という名目で出島に行って種痘が実施されました．その結果，建三郎だけに膿疱疹ができました．建三郎にはかさぶたをすりつぶした液が接種され，他の 2 人には水疱液が接種されたといわれています（他の説もあります）．建三郎の種痘のかさぶ

図 2.6　楢林宗建
「人は個人で受けた恩には感謝するが集団で受けた恩には無関心でいる．また，災害を受けた際に助けに来てくれる人には感謝するが，あらかじめ災害を受けないようにしたり災害が起こらないようにした人には関心を示さない」と言って，予防医学は報われないと憂いた．（深瀬泰旦：わが国初めての牛痘種痘 楢林宗建（肥前佐賀文庫 002），出門堂，2006 より）

たは佐賀藩江戸屋敷の藩医伊東玄朴に送られました．伊東は鍋島藩主鍋島直正に種痘輸入の願いを申し出ており，鍋島からオランダ商館への働きかけがあったと思われます．鍋島の子どもにも接種されています．

伊東の弟子だった桑田立斎（今でいう乳児院を開設し小児科医のパイオニアともいわれています）は蝦夷で天然痘が流行った時に種痘接種のために幕府から派遣されています．また，種痘法を広めるために種痘奨励の引札（今でいうビラ）を作っています（図2.7）．

一方，京都の蘭方医日野鼎哉は長崎の中国語の通訳の穎川四郎八に牛痘苗を入手することを依頼していましたが，中国経由はなかなか進みませんでした．そうこうしているうちにジャカルタから出島に種痘が届き，四郎八の孫が種痘を受けてそのかさぶた8個を京都の日野に届けています．そのうち7個が京都の子どもたちに接種されましたが，いずれも膿疱疹はできませんでした．失意の中にいた日野のところへ，一番弟子の笠原良策は種痘が届いた噂をちょうど聞きつけて

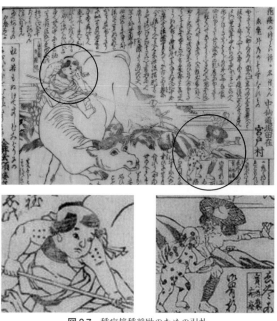

図2.7 種痘接種奨励のための引札

ウシの背にまたがった牛痘児（左上）の左右の腕に種痘の痕があります．右下には疱瘡神が天然痘にかかった子どもを連れ去ろうとしています．（伊藤恭子編著：くすり博物館収蔵資料集④はやり病の錦絵，内藤記念くすり博物館，2001より）

訪れました．残った1個のかさぶたを京都の子どもに接種したところ膿疱疹が出現し，これを見た笠原は福井の藩主松平慶永の支援を得て種痘を接種した子ども2人と途中で継代するための子ども2人とその両親を連れて大雪の中を福井まで連れて行きました．当時の天然痘の悲惨さや親子連れの雪の中の行軍を吉村昭が『雪の花』という小説に書いています＊3．一医師の天然痘撲滅への強い信念が読み取れます．

　こうして種痘の種は福井に到着したものの，まわり近所でなかなか子どもたちに受けさせる親は集まりませんでした．地元の古い漢方医は新しい方法に理解を示すことはなく誤った噂を流し，蘭方医達は執拗な妨害を受けることになりました．笠原良策の親戚の子ども，蘭方医の子どもとかろうじて種痘の苗をつないでいました．種痘という予防方法があっても社会に受け入れられることなく，天然痘に罹った子ども達の棺が街中にあふれる状況でした．ジェンナーの時代の母親たちが子を種痘所に連れて行った状況と大きな差があります．日本には牛痘という疾患がなく，天然痘との違いが理解されませんでした．この状況を憂いた福井藩主の松平春嶽が，種痘奨励のお触れを出すことで接種が広がっていきました．この時，vaccineという単語に対して「白神」という漢字をあてています．白く濁っているような外観であったことや天然痘の感染から免れることができるのは神のような存在であることから名付けられたのではと思われます．その音読は「ハクシン」で，vaccineも当時のオランダ語読みでは「ウァクシーネ」だったのかもしれません．笠原良策は晩年「白翁」と名乗っていました．

　痘苗種は日野鼎哉から緒方洪庵にわたり大阪除痘館で種痘が開始されました．種痘法が天然痘を予防することが明らかであり，種痘奨励の看板が出ますが，漢方医のなかには種痘はウシから作っているので効果がないとか，種痘を受けると牛になるとか子孫末代まで祟られるといった流言を広める者もいて，なかなか普及しませんでした．「牛痘害あるの弁」による強烈な反対運動もありましたが（図2.8），その効果は明白で1849年6月に長崎に着いて半年の間に日本中に広がっていきました．この時代，種痘の輸入に尽力した医師だけでなく，その重要性を理解し支援を惜しまなかった藩主らや，種痘所を設置するためにポンと大金を出

＊3　種痘がついて水疱疹ができたことを，蘭方医たちは「花が咲いた」と称していたため，「花」という言葉が用いられました．ちなみに，ジェンナーが最初に接種を行った牛痘は，ブロッサム（花）という名前のウシから採られました．

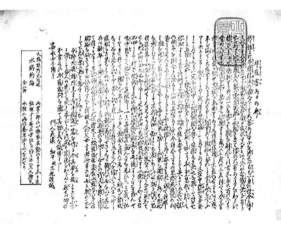

図 2.8 「牛痘害あるの弁」
漢方医の細井賦主税は，牛痘は，発症せず潜んでいる病気を故意にうつし，天然痘を広め，血統を汚し，ひいては子孫を絶やすことになるなどと批判した（伊藤恭子編著：くすり博物館収蔵資料集④はやり病の錦絵，内藤記念くすり博物館，2001 より）

して経済的支援を行った豪商がいたことを忘れてはいけません．神田のお玉ヶ池種痘所は東京大学，大阪除痘館は大阪大学の医学部の礎になっています．日本のワクチン学の魁となった楢林宗建は「人は個人で受けた恩には感謝するが集団で受けた恩には無関心でいる．また，災害を受けた際に助けに来てくれる人には感謝するが，あらかじめ災害を受けないようにしたり災害が起こらないようにした人には関心を示さない」といっており，予防医学は報われないと達観していました．この当時，日本政府は 1853 年ペリーの来航と通商条約等の外交問題によって外国からの圧力に対処するのに精いっぱいで，国民の健康を守るどころではありませんでしたが，種痘ネットワークで種痘を持ち帰った蘭方医と有力者の援助で天然痘の恐怖を種痘への信頼に変えていくことで普及していきました．

我が国の天然痘の患者は 1955 年が最後です．さらに副反応の問題から 1976 年には我が国では種痘は中止になり，その後まもなく 1980 年には天然痘が世界的に根絶され現在に至ります．

■2.1.5 天然痘根絶への道

天然痘は，人類がこれまでに根絶に成功した唯一の感染症です．1958 年，WHO の総会でソ連（当時）の生物学者ヴィクトル・ジダーノフが天然痘根絶計

画を提案し，全会一致で可決されました．当初は「世界中のすべての人に種痘を実施する」という方針が立てられましたが，医療機関や行政の整っていない地域ではこれを効果的に遂行することが難しく，また接種率を向上させても天然痘の発生を抑える効果には限度があることがわかってきました．

　そこで WHO は 1967 年から計画を強化し，封じ込め作戦をとります．これは天然痘患者の写真（**図 2.9**）を持って「こうした症状の患者さんはいませんか？」と聞いて回って天然痘患者を見つけ出し，その周囲の人たちに種痘接種を実施するというものです．さらに一般の人には天然痘撲滅のモチベーションは低いと考え，患者を見つけて報告した者には懸賞金を出すというアイデアも奏功し，発生数は順調に減少しました．懸賞金の額は徐々に吊り上げられ，1978 年には 1000 ドルもの懸賞金が提示されましたが，1977 年のソマリアの青年以降新たな報告例はなく，WHO により 1980 年に天然痘撲滅が宣言されました．

　この作戦を指揮し，天然痘の根絶に大きく貢献したのが医学者の蟻田功（1926 ～）です．蟻田は厚生省（当時）に技官として勤めていた 1962 年，WHO に招かれアフリカ地域で天然痘対策に従事し，さらに 1966 年に WHO ジュネーブ本部に発足した天然痘根絶対策本部に加わります．1977 年からはリーダーとして根絶計画の陣頭指揮をとり，この計画を成し遂げました．

　「予防医学は報われない」との言葉を残した楢林の時代から 1 世紀以上を経て，

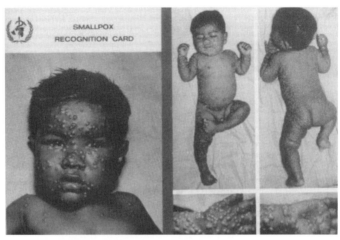

図 2.9　WHO smallpox（天然痘）recognition card

ようやく予防医学が報われたことになります．天然痘根絶が成し遂げられた背景には，①天然痘に罹ると必ず水疱・膿疱疹が出て，不顕性感染（感染しても症状が出ないこと）がないため患者の同定が容易である，②ヒト以外に感染しない，③有効なワクチンがあり，免疫能が長く持続する，という条件がそろっていたことがあります．③に関しては，WHO はそれまで野放しであったワクチン製造所の整備に乗り出し，品質の担保ができない製造所は閉鎖し，品質保証とワクチンの無償供与を行うという重要な役割も果たしています．

撲滅を目前に控えた 1978 年，英国のバーミンガム大学メディカルスクールで天然痘ウイルスが漏洩し，女性研究者ジャネット・パーカーが感染して亡くなり，さらに研究室の責任者も自殺するという不幸な事件が起こります．この事件以来，研究室のバイオハザード防止に意識が向けられるようになるとともに，1980 年の根絶宣言以降は WHO が天然痘ウイルスの廃棄を研究機関に求め，現在は米国とロシアの研究機関のみで厳重に保管されています[*4]．

2001 年 9 月 11 日には米国でイスラム過激派のテロが発生し，2003 年 3 月 20 日にイラク戦争が始まりました．このとき米国は，イラクが大量破壊兵器を隠し持っていると断定しこれを理由にイラクに侵攻しました．この大量破壊兵器の中には核兵器などと並んで天然痘ウイルスや炭疽菌などの生物兵器も想定されていましたが，実際には生物兵器は保有していなかったようです．しかし，ロシアや北朝鮮など他の国でも天然痘ウイルスが生物兵器として保有されている可能性もあるとされており，また技術の進歩により現代では天然痘ウイルスの人工合成や遺伝子組換えによる自然界に存在しないウイルスの作製も可能になったため，米国はバイオテロに備えて全国民分の天然痘ワクチンを備蓄しています．日本でも橋爪が開発した弱毒ワクチン LC16m8 株を備蓄しています．

天然痘ワクチンはテロへの備え以外にも役割があります．例えば天然痘に似た症状のサル痘[*5]という感染症は 1970 年に初めてヒトへの感染が確認され，2003 年には米国にペットとして輸入されたプレーリードッグが感染源となり数十人が

[*4]　ウイルスや細菌などの病原体などを扱う実験施設などに対して，その安全性を格付けするバイオセイフティーレベルという基準があります．天然痘ウイルスが保管されているのはバイオセイフティーレベル（BSL）4 という最高ランクの安全性が保証された施設です．日本では国立感染症研究所の村山庁舎のみが BSL4 として稼働しています．

[*5]　この病原ウイルスが実験動物のサルから発見されたため「サル痘」と名付けられましたが，本来はリスやネズミなどの齧歯類が保有するウイルスで，そこからサルやヒトに感染します．

発症しました．発症数が少ないためこれに特化したワクチンはありませんが，天然痘ワクチンがサル痘にも一定の予防効果を示すことがわかっています．新型コロナウイルス感染症の流行が続くなか，欧米でサル痘の患者の発生が続き 2022 年 7 月に WHO は緊急事態宣言を発表しました．男性の同性愛者間での感染が多数を占めており，我が国でも外国からの帰国者の中で感染例が報告されています．また，種痘ウイルスは天然痘ワクチンとして使用されてきた経緯から安全性や有効性が十分に明らかになっているため，遺伝子操作によって外来遺伝子を挿入した新規ワクチンとしての展開も期待されています．例えば新型コロナウイルス対策においても，日本の研究者がこれを使ったワクチンの開発を進めているようです．

2.2　狂犬病ワクチンの開発にいたるまで—パスツール

■ 2.2.1　腐敗と微生物

　化学者ルイ・パスツール（1822 ～ 1895）はフランスのジュラ地方に革なめし職人の息子として生まれました．ジェンナーの亡くなる前年のことです．化学の世界では光学異性体を発見したことでも有名で，これによって彼は大学教授の地位を獲得します．

　1860 年頃，ワイン業者からパスツールのもとに「ワインの腐敗を防ぐにはどうすればよいのか」という研究依頼が届きます．ワイン製造には発酵という工程があり，この工程で腐敗が起こってしまうと 1 年近くかけて育てたブドウが水の泡になる大損失ですから，ワイン業者にとって死活問題でした．その当時，すでにレーウェンフック（1632～1723 年）が自作の顕微鏡によって微生物の存在を発見していましたが，肉眼では見えないため，食品の発酵や腐敗を起こす微生物がどのように発生・侵入するのかはわかっていませんでした．アリストテレスが提唱した「自然発生説」が依然として信じられていました．

　パスツールは白鳥の首を模したフラスコ（外界との空気の出入りはできるが微生物は入らない特殊な形状）（**図 2.10**）

図 2.10　パスツールが使用した白鳥の首フラスコ

を用意し，その中で肉汁を沸騰させ放置したところ，腐敗は起こりませんでした．一方で，煮沸後にフラスコの蓋を外しておくと腐敗が始まることを発見しました．この実験から，腐敗をもたらす微生物は肉汁中に自然に発生するのではなく，外部から侵入するのだということを示し，自然発生説を否定しました．

　続いてパスツールは，パンの発酵にはパン酵母，ワインの発酵にはワイン酵母，というふうにそれぞれ異なった種類の微生物が関係していることを突き止めます．レーウェンフックはビールの中に酵母を観察していましたが，これが発酵に関与しているとは思い至りませんでした．発酵が酵母という微生物によるはたらきであること，材料に含まれる酵母によってアルコールや乳酸，酢酸が作られることをパスツールが発見したのです．

　これらの結果をふまえ，前述のワイン業者からの相談に対してパスツールは低温殺菌法を紹介しました．これは60〜65℃で30分程度加熱することで腐敗菌の活性を落とすというものであり，当初は熱を入れることで「ワインの味が損なわれる」「アルコールがとんでしまう」などの反対意見もたくさん出ましたが，実際に低温殺菌しても味が変わらないことがテイスティングにより確認されました．この方法は現在でも，牛乳，ヨーグルト，ワインの滅菌法として広く用いられており，パスツールの名にちなみパスチャライゼーションとも呼ばれています．

　さて，この発見は医療にも大きな影響を与えました．当時（19世紀半ば）は産褥熱の発生率が高く，出産後に亡くなる女性が多くいましたが，産褥熱がなぜ起こるかはわかっていませんでした．1847年，ウィーン総合病院の産科に勤務するセンメルヴェイス・イグナーツというドイツ系ハンガリー人医師は，産科医が手を消毒することが産褥熱の予防に効果的であると発表したものの，当時の医学界にはこれが受け入れられず，神経衰弱により入院させられ1865年に亡くなりました．同年，英国の外科医リスター[*6]は腐敗が自然に起きるのではなく微生物の混入によるというパスツールの考え方に共鳴し，産褥熱や外科的手術後に熱が出て亡くなる病気（敗血症）は，細菌の感染によるのではないかと考えました．感染を予防するために手術室をフェノールで滅菌したり，薄めたフェノールで術者の手を洗ったり手術部位を消毒することで術後の死亡例は激減しました．センメルヴェイスの主張はパスツールやリスターのこうした成果によって死後よ

[*6]　食中毒の原因菌の一種であるリステリアや，世界的に有名な洗口液のブランド名である「リステリン®」は彼の名前からとられています．ただし，リスター本人はどちらにも関与していません．

うやく認められることになり，現在では手洗い法は医療現場での基本中の基本となっています．

■ 2.2.2　感染症への挑戦

　パスツールはワイン産業だけでなく養蚕業も救っています．当時，フランスの主要産業は絹糸の生産でした．絹糸は蚕が作る繭を煮詰めて作ります．光沢のある絹は貴重な布地で当時のヨーロッパでは重要な産業でした．1840年頃から蚕が桑を食べなくなり黒い斑点が出現して死亡する微粒子病がフランスだけでなく全ヨーロッパで発生し，ヨーロッパの蚕は全滅したといわれています．パスツールの名声を聞き養蚕業者から原因究明と対策が依頼されました．

　1865年からパスツールはこの研究に取り組み，この病気がノゼマ・ボンビシスという微胞子虫（菌類の一種*7）による感染症であることを突き止めました．微粒子病（la pébrine（pebre はプロヴァンス語で「胡椒の粉」の意））の名の由来になった黒い斑点は，この微胞子虫だったのです．微胞子虫の付着した桑を食べた幼虫に感染しますが，幼虫は病気にはなりません．カイコガの雌の成虫から卵に伝播し，感染した卵から生まれた幼虫はすべて死亡してしまいます．卵を介して感染することから，パスツールは感染した母蛾を排除することで感染を防止できることを実証しました．ちなみに，江戸幕府14代将軍徳川家茂は1865年に日本の蚕の卵をフランスのナポレオン3世に贈り，この蚕がパスツールの研究に使用されたようです．この病気が菌類の感染で起きることがわかり，パスツールは感染症の領域にシフトしていきました．

■ 2.2.3　動物ワクチンへの発想

1）ニワトリコレラ

　ニワトリコレラはニワトリの感染症の一種で，家禽コレラとも呼ばれます．1879年，パスツールはニワトリコレラ菌の培養実験をしていました．7月から夏休みをとって10月に研究室に戻ると机の上に培養液が残っていました．この培養液をニワトリに投与しましたが何も起こりませんでした．この時点で，菌は死んでしまったのか，病原性が低下し弱毒化されたのか，2つの考え方ができます

＊7　長い間，原虫の一種に分類されていましたが，現在は菌類とされています．

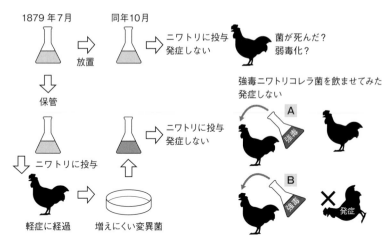

図2.11 ニワトリコレラワクチン
1879年，パスツールが夏休みから戻った時，研究室にはニワトリコレラ培養液が置きっぱなしになっていた．
実際には，パスツールはあまりこれに関与しておらず，弟子のルーが研究を進めていたとされている．

（図2.11）．

そこで，夏休み前の7月に保存してあった培養液に立ち戻ってニワトリに投与してみたところ，ニワトリは軽い下痢程度で死亡する例はありませんでした．もう一度投与してみると，軽い下痢を起こし4～5日で死亡したニワトリがいました．ニワトリコレラは病原性が強く感染すると1～2日で死亡するのが一般的ですが，このことは7月の培養液の中に病原性の低い細菌が残っていたことを示しています．この7月の便から菌を分離して空気中に晒してさらに増えにくい菌を樹立しました．この増えにくい菌をあらかじめ飲ませたニワトリに強毒菌を飲ませても発症しないことが確認されました（A群）．一方，強毒のニワトリコレラ菌だけを飲ませると数日後に死亡しました（B群）．パスツールは弱毒ワクチンの作製を目指していたようです．

ただし，パスツールはその弱毒化の過程に関しては公表することはなく論争を引き起こしました．実はパスツールはこの実験にはあまり関与していませんでした．夏休みの間，弟子のルーに任せていましたので詳細なコメントはできなかったのかもしれません．このワクチンは免疫能の持続期間が短く副反応にも問題があり，実際には使われることはなかったようです．

2）炭疽病

　炭疽病は，ウシ，ウマ，ヒツジ，ヤギに感染すると呼吸器から全身症状を起こし死亡する病気です．現在は家畜防疫（家畜の伝染病を防ぐ取り組み）が徹底されほとんど発生していませんが，当時のヨーロッパの畜産業界にとって重大な感染症でした．パスツールはニワトリコレラと同じ方法でワクチンができることを公言し，空気中に長く晒す方法で弱毒化を目指していましたが，実はうまくいっていませんでした．パスツールの唱える微生物の感染が病気を起こすという説に反対の立場をとるグループはパスツールの自慢話を快く思わず，1881 年に公開実験を要求する挑戦状を送りました．

　その頃，炭疽病ワクチン開発のライバルであるツールーズ獣医科大学のトゥーサンは炭疽菌を 55℃ で 10 分間処理しフェノールを加えたワクチンを製造していました．パスツールの弟子であるルー，シャンベルランらはトゥーサンの方法を参考に弱毒株を作製しました．パスツールの研究室ではニワトリの肉汁に重クロム酸塩を加えた培養液で 42～43℃ で菌を継代しました．

　こうして迎えた 1881 年 5 月 5 日，5 月 17 日の公開実験では，ワクチン群，非接種群ともに 24 頭のヒツジ，4 頭のウシ，1 頭のヤギが準備されました．5 月 5 日の最初に接種したワクチンは継代歴の長いもの，12 日後の 2 回目には継代歴の短いものを使っています．5 月 31 日（2 回目接種の 14 日後）に強毒の炭疽菌を接種したところ，ワクチン群は全例ピンピンしていましたが，非接種群のヒツジとヤギは全例死亡しました*8．このワクチンは大成功で畜産業界に大きな貢献をしました．

　しかし，広く使用されるようになると，バッチ（ワクチンを分注する前の原液）ごとに有効性，副反応に差があることがわかってきました．炭疽菌の病原因子が解明されてから，重クロム酸塩を加えた培養液で 42～43℃ で培養を続けると炭疽菌の莢膜（菌の外側に存在する多糖類で好中球に攻撃されないように菌を守る）が脱落することがわかり，現在の家畜用炭疽病ワクチンは改良されています．

■ 2.2.4　狂犬病ワクチン―初めてのヒト用ワクチンへの挑戦

　1831 年，パスツール少年の住む町で狂犬病の狼が人々を襲い，8 人が亡くなる

＊8　ただし，ウシは非接種群も発症しませんでした．

事件が起こりました．狂犬病の有効な治療法はわかっておらず，咬まれた部位を焼き火箸で焼くという恐ろしい方法をパスツールも見聞きしていたようです．この原体験が狂犬病ワクチン開発の動機になり，さらにニワトリコレラや炭疽病のワクチン開発の成功を知ったたくさんの医師や獣医たちがパスツールのもとに集まり，狂犬病ワクチンの研究がスタートします．

　パスツールは医師ではありませんでしたが，弟子の技術により狂犬病のイヌを解剖して脳組織をウサギの脳に接種して植え継いでいく研究ができるようになりました．ウサギから次のウサギへと継代していくと，感染させて症状が出るまでの潜伏期間が短くなり病原性が固定化されてきます．はじめのうちは狂犬病の脳組織を接種して発症するまでに数週間かかっていましたが，ウサギに連続継代接種すると25代で1週間以内に発症するようになりました．次に，同じウイルスをサルに連続継代接種していくと発症までの時間が長くなることがわかりました．つまり，サルに長く植え継いでいくと弱毒化される可能性があることが示唆されたのです．この段階でパスツールは狂犬病ワクチンができたと公表すると，狂犬に咬まれた人から問い合わせがくるようになりました．しかし，サルで継代したウイルスをイヌに接種して狂犬病を発症するかどうか試してみましたが，ウイルスの弱毒化を示す結果はなかなか得られませんでした．

　その頃,弟子のルーのグループも狂犬病ワクチンの開発研究を行っていました．彼の研究室では，ニワトリコレラの便を乾燥させたのと同じように狂犬病で死亡したウサギの脊髄を瓶の中につるして乾燥させる方法で弱毒化しようとしていました．ある時，パスツールの研究室で同じ瓶が準備されていることを見つけたルーは，その後研究室から離れていきました（図2.12）．さて，ルーのやり方を真似たパスツールは空気に長く晒したウサギの脊髄の粉末を溶かし，晒した期間の長いもの（より弱毒化が進んだと考えられるもの）の順にイヌに接種し，弱毒化を確かめました．最終的には1日だけ晒した脊髄粉末の水溶液を接種してもイヌに何の症状も出ず，イヌでのワクチンの有効性と安全性が確認されました．現代の知識で考えると，1日晒しただけではウイルスの活性は残っているとも失活したともいえませんので，強毒のウイルスに対してはヒトでの安全性と有効性のどちらも完全に証明されたとはいえない状態でした．

　1885年7月6日，9歳のジョセフ・マイスター少年が狂犬に咬まれて運びこまれました．何もしなければ死を待つのみであることから，パスツールは空気中に

図2.12　パスツールの弟子ルーが開発していた狂犬病のウサギの脊髄を晒したビン
弟子のアイデアや成果を自分のものとして発表することは，現代のパワハラあるいはアカハラと言えるかもしれない．（ルイーズ・E. ロビンズ著，西田美緒子訳：ルイ・パスツール─無限に小さい生命の秘境へ．オックスフォード科学の肖像．大月書店，2010 より）

長く晒したウサギ脊髄粉末の水溶液の接種から始めて，さらに翌日から11 日間で計12 回接種し，何事もなく経過しました．10 月16 日には狂犬に立ち向かい，襲われた5 人の少年を守った15 歳の少年ジャン－バプティスト・ジュピエが運び込まれ，同様に接種することで発症を免れました．パスツールはこの2 例を10 月26 日に論文として発表しました．ちなみに，7 月6 日はパスツールの狂犬病ワクチン成功を記念して「ワクチンの日」と定められています．不活化ワクチンの始まりです．

　マイスターやジュピエの成功例が新聞報道されると，狂犬に咬まれた患者が殺到しました．このように咬まれた後にワクチンを接種することを曝露後免疫といいます．しかし，成功例の陰には痙攣が出現するなど，効果にばらつきがみられました．実はこの2 例の前にパスツールが2 件もヒトに接種していたことが後日明らかになりました．1885 年5 月2 日にイヌに咬まれた後に頭痛や水が飲めないという症状を訴えたジラール（61 歳）にサル継代ウイルスを接種しています．狂犬であったかどうかは不明のため評価はできません．同年6 月22 日には，イヌに顔を咬まれて運ばれてきた11 歳の少女ジュリー・アントワーヌ・プーゴンに接種しましたが死亡しています．さらに，1886 年1 月にはワクチン接種して1 カ月後の死亡例が出ています．狂犬に咬まれていますので，ワクチンが間に合わなかったのか，ワクチンの不活化が不十分であったために副反応で死亡したのか，医師でないパスツールには判断ができません．この危機を知ったルーは研究室に戻ってきました．脳に近い顔を咬まれたことや，時間が経っていてワクチンが間

に合わなかったことが原因と考えられました．一方，空気中に晒す方法では不活化が不十分であった可能性も残りました．硝酸を用いた改良法により，安定して不活化が行われるようになりました．パスツールの開発した狂犬病ワクチンは1898年までに20,166人に接種され，96例の死亡例が報告されていました．

2.3 細菌学の父―コッホ

■2.3.1 病原体の発見がワクチン開発にもたらしたもの

Ⅱ章でこれまで紹介してきたジェンナーやパスツールは，それぞれ経験則によって天然痘ワクチン（種痘）や狂犬病ワクチンの原型となるものを発明しました．2人は病原体を見つけ，免疫や抗体の存在を理解したうえでワクチンを開発したわけではありません．天然痘や狂犬病の病原体はウイルスです．人類がウイルスの分離に成功したのは20世紀に入ってからですから，2人は当然，病気の正体を知らずにワクチンを作り出したわけです．

現代のワクチンは，いずれも病原体が分離され，感染伝播の経路，発症の機序や病態，治癒に至るメカニズムなどが研究し尽くされたうえで開発されたものです（新型コロナウイルスワクチンは緊急性が高いため，十分に明らかになっていないなかで開発された例外的なものです）．分子レベルの詳細なメカニズムは，解析などの技術の進展により最近になって明らかになった部分もあります．つまり，図2.13に示すように，「病原体の分離・同定→ワクチン開発」の流れが現代では普通であり，狂犬病と天然痘の「ワクチン開発→病原体の分離・同定」という流れはむしろ珍しいものだったことがわかります．このように，ワクチンが科学的な知見に基づく現代的な医薬品として発展していくための基礎を築いたのがドイツの医学者・細菌学者コッホとその弟子たちです．

■2.3.2 フランスとドイツの先陣争い

ロベルト・コッホ（1843～1910）は，ドイツのクラウスタールという村に生まれ，ゲッティンゲン大学で数学と物理を学んだのち医学の道に進みました．彼の弟子のひとりには，近代日本医学の父として知られる北里柴三郎がいます．彼の創設した北里研究所がのちに北里大学となります．コッホは結核菌の発見をはじめ数多くの功績を残しました．

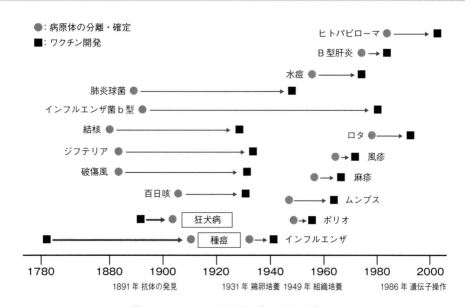

図 2.13 ワクチンの開発と病原体の分離・確定の順

(Garçon, N. et al.: Understanding Modern Vaccines: Perspectives in Vaccinology, Elsevier, 2011 より改変)

　パスツールよりも約 20 歳年下でしたが，2 人はこの時代の微生物学分野におけるライバル同士でした．コッホとパスツール個人間の争いではなく，ドイツとフランスの国家の威信をかけた科学分野での戦いでした（**表 2.1**）．例えば，炭疽病の動物用ワクチン開発に成功したのはパスツールですが，炭疽菌そのものを発見したのはコッホだといわれています．コッホはこの菌が過酷な環境下では芽胞をつくり長期間生存することが可能であることを発見しています．一方，パスツールのグループは炭疽病で死亡した動物が埋められた場所で捕獲したミミズの腸管の内容物をモルモットに接種すると炭疽病になったことを報告しています．

　エジプトでコレラの流行があった時には，2 人は別途に研究グループを派遣しました．パスツールのグループは患者の便を採取し肉汁添加の培養液で菌を分離（液体培養）して実験動物に接種しましたが，コレラの症状が起こることはなくコレラの病原体を同定することはできませんでした．一方，コッホのグループは採取した便の希釈液を寒天培地（詳しくは次項 2.3.3 を参照）の上に撒いて 1 個 1 個の菌のコロニーを選択分離して同定する手法を確立しており，この方法でコレラ患者から採取したサンプルのみに含まれるコンマ型の細菌を分離します．こ

表 2.1 コッホ（ドイツ）とパスツール（フランス）の先陣争い

	ドイツ（コッホ，北里ら）	フランス（パスツールら）
炭疽菌の発見 （1876 年）	炭疽病の菌を乾燥させたり熱したりすると，芽胞（丈夫な膜に包まれた休眠状態）を形成し，長期間生存することを発見	炭疽病で死亡した動物が埋められた場所でミミズを採取し，腸管の中身をモルモットに接種すると炭疽病になることを確認
エジプトでのコレラの流行 （1883 年）	寒天培地を用いてコレラの患者にだけ存在するコンマ状の細菌を発見	患者の便中にはさまざまな菌が存在する．その菌を培養して動物に接種しても…？
ジフテリアの血清療法 （1890 年）	ベーリング，北里による抗体の発見．抗毒素療法の考案	ルー，エルサンはジフテリア菌が毒素を産生することを発見．ジフテリアの血清療法を確立
香港でペストの流行 （1894 年）	北里はペスト菌を 6 月 14 日に発見	エルサンは 6 月 20 日に発見し，ペスト菌は *Yersinia pestis* と名付けられた

れがコレラ菌の発見です．便中にはコレラの病原微生物だけでなく，大腸菌をはじめとした常在菌がいるはずです．多くの細菌を 1 個ずつ培養する分離培養が功を奏したわけです．

　彼らの有能な弟子たちもまた，2 人の競争を支えました．たとえばジフテリアの血清療法の土台となったのは，当時コッホ研究所に留学していた北里柴三郎による抗体の発見でした．一方，ジフテリアの血清療法を確立させたのはパスツールの弟子であるルー，エルサンです．最後の争いは 1894 年に香港で起こったペストの流行を巡って繰り広げられました．コッホのグループは日本から北里が派遣されました．北里は 6 月 14 日にペスト菌を発見し *The Lancet* に投稿し，8 月 11 日号に掲載されています．一方，エルサンは 6 月 20 日に発見しパスツール研究所に論文を送り 9 月の年報に掲載されています．

　北里は菌の一部を日本に持ち帰り菌の性状を解析していました．一部の性状がエルサンらの報告と一致しないことからペストの原因菌の発見者はエルサンと決まり，ペスト菌の学名はエルサンの名前からエルシニア・ペスティス（*Yersinia pestis*）と命名されました．北里は菌の一部をコッホ研究所にも送っており，米国の科学者により研究されたその性状はエルサンの報告と一致していたため，北里の名誉は回復しました．

■ 2.3.3　コッホの発見—寒天培地と4原則

　コッホは細菌学の父といわれています．前述のように，彼は炭疽菌やコレラの病原体の発見でパスツールに勝利しました．その勝利のカギを握っていたのが，コッホ独自の技術でした．

　コッホのグループは細菌の分離，培養に豊かな経験を持っていました．研究用の検体を採取する喉や便には，病気でなくてもたくさんの種類の菌が常在しています．これらのなかから病原細菌を同定するには個々の菌を分離して性状を検討する必要があります．パスツールのグループが病原細菌を分離するのに使っていた液体培地では優勢な菌が増えてしまうため，個々の菌を分離することができません．コッホのグループは，蒸かしたジャガイモを切って冷まし，その断面に検体を薄く塗ると1個1個の菌がコロニー（単種の菌が寄り集まって増殖した目に見えるサイズの集まり）を作ることに気づきました（**図 2.14**）．そのコロニーを液体培養で増やして純粋培養ができます．

　とはいえ，ジャガイモの切片にも雑菌が入る可能性があります．これを解決したのが日本から伝わった寒天です．コッホのスタッフの奥さんにお菓子作りの名人がいて，当初は彼女の作ったフルーツゼリーに使われていたゼラチンに目をつけました．しかしゼラチンはちょっと温度が上がると溶けてしまいます．そこで，いったん固まると85℃以上になるまで溶けることのない寒天に白羽の矢が立ったのです．乾燥寒天を水に浸して煮沸し，滅菌したシャーレに流し込んで固めると寒天培地ができます．寒天は天草などの藻類から作られる日本独自の食材で，その起源は定かでないのですが，心太は江戸時代の初期に精進料理としてすでに記録に残っています．出島からオランダ東インド会社を通じてヨーロッパに伝わったとみられ，コッホが寒天分離培地を開発したのは1881年のことでした．それ以来，世界的に需要が増えて第二次世界大戦前は大切な輸出品だったようです．寒天培地はいまも微生物学の研究に欠かせない重要なツールとなっています．

　こうした分離培養の技術を生み出していたコッホだからこそ，コ

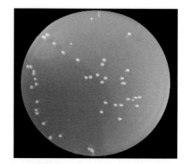

図 2.14　寒天培地にできた細菌（大腸菌）のコロニー

レラ患者の便からコレラ菌を発見できたのです．しかし，こうして分離された細菌が病気の発症には関係していない可能性も考えられます．病気と関連していることはどのようにして証明できるのでしょうか．この問いに対し，コッホは次のような4原則を提唱しました（コッホの4原則と呼ばれています）．

①ある病気には一定の微生物が検出されること

②その微生物が分離できること

③分離した微生物を，その微生物に対して感受性のある別の動物に感染させると同じ病気を起こすこと

④さらに，③の病巣から同じ微生物が分離できること

　その後，20世紀に入ってからウイルスが発見されると，コッホの4原則に当てはまらないものも出てきましたが，依然として病原体同定において重要な指針となっています．コッホが細菌学の父と呼ばれているのは，このように現代の微生物学につながる重要な土台を築いたことによります．

■2.3.4　抗体はどのように発見されたか

　I章でも説明したように，ワクチンは生体の持つ免疫応答を利用して，感染，発症を阻止するものです．免疫とは「疫から免れる」という意味で，病原体が感染すると生体は病原体に対する防御機構（液性免疫と細胞性免疫）を誘導します．液性免疫はウイルスをはじめとした病原体が感染した際，血液中に抗体が産生されることをいいます．病原体そのものでなく，病原体の産生する毒素が病気の発症に関連している場合には毒素に対する抗体のことを特に「抗毒素」と呼びます．この抗体を事前に誘導しておくことで，実際に病原体が体内に入った時に備えるのがワクチンのしくみです．それでは，抗体はどのように発見されたのでしょうか．それに大きく貢献したのがコッホの弟子である北里柴三郎とエミール・アドルフ・フォン・ベーリングです．

　北里柴三郎は1853年に現在の熊本県阿蘇郡に生まれ，18歳で熊本医学校（現在の熊本大学医学部）に入学してオランダ人医師マンスフェルトの指導を受けました．その後進学した東京医学校（現 東京大学医学部）で予防医学の道を志し，内務省衛生局に勤務します．1886年には上司からコッホの一番弟子フリードリヒ・レフラーを紹介されてドイツに渡り，コッホに師事しました．北里はコッホの研究室で破傷風の研究に従事しました．レフラーはジフテリア菌を最初に純粋

培養した細菌学者です.

　破傷風菌は土壌に潜んでいて深い傷口から生体内に侵入します. 破傷風を発症すると致死率が高く, 古代からよく知られ恐れられていました. 1884 年, ドイツの内科医アルトゥール・ニコライアーが土壌中から破傷風菌を発見しますが, 純粋培養はできませんでした. しかし, 北里が留学からわずか 3 年目の 1889 年に破傷風菌の純粋培養を成功させます.

　最初のうちは, 破傷風患者の傷口の検体を普通の寒天培地で培養してみましたが, 雑菌ばかりが分離されました. 何回やっても同じ結果でした. 次は試験管中に作った寒天培地に検体を塗った針を突き刺して穿刺培養をしてみました. 培地の表面には雑菌ばかりでしたが, 空気に触れることのない中間層から破傷風菌が分離されました. コッホの研究室では空気を追い出して酸素のない状況でウシやヒツジのガス壊疽菌を培養 (嫌気性培養) していたため, 破傷風菌もこれと同じように酸素のある環境で増えにくい菌 (嫌気性菌) の仲間であることがわかりました (図 2.15).

　こうして純粋培養に成功した北里は, 空気を水素ガスで置換して破傷風菌を増やし, 破傷風の研究に取り組みました. 破傷風患者の傷口に細菌がたくさんいる一方で, 血液中には菌は存在しないこと, にもかかわらず痙攣などの諸症状は全身に表れることから, 彼は「破傷風の発症は菌そのものではなく毒素なのではな

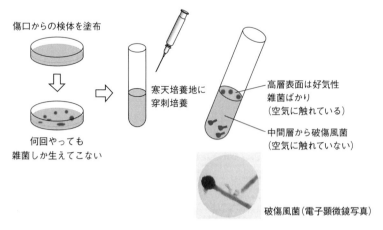

傷口からの検体を塗布

寒天培養地に
穿刺培養

何回やっても
雑菌しか生えてこない

高層表面は好気性
雑菌ばかり
(空気に触れている)

中間層から破傷風菌
(空気に触れていない)

破傷風菌(電子顕微鏡写真)

図 2.15　破傷風菌が嫌気性菌であることの発見
試験管の中間層から分離されたことから, 破傷風菌は偏性嫌気性菌 (酸素がほとんどない所で増殖する) であるとわかった.

図 2.16 抗体の発見

あらかじめウサギに不活化した毒素を接種し破傷風菌を感染させても発症しなかった．ウサギの血液中に抗体が存在することが明らかになった．

いか？」という仮説を立てました．そこで破傷風菌の培養液を濾過して菌体を取り除いた上澄みをウサギに接種すると，破傷風を発症しました．菌体ではなく，培養液中に存在する成分が発症に関わっていることになります．次いで，この培養液に三塩化ヨウ素を加えて化学的に活性を落とし（不活化といいます），それをウサギに接種しましたが発症することはありませんでした．その後，このウサギに毒素を投与してもウサギは元気で何も起こりませんでした．ウサギの体の中にこの毒素を中和する何物かができていることになります．これが毒素に対する抗体つまり抗毒素で，試験管内でも破傷風毒素を中和することがわかりました（**図2.16**）．

　さらに，この抗毒素を他の動物に投与することで破傷風の発症を予防できることも発見しました．これは現代の医学では受動免疫（他の個体の抗体を接種して感染を予防することができること）と呼ばれる概念です[*9]．また，母モルモットに免疫することで仔モルモットは感染から免れることからも移行抗体・母児免疫の重要性を示し，今日の新生児破傷風の予防に繋がっています．

　さて，北里が破傷風菌の純粋培養を成し遂げた1889年，ベルリンの軍医学校講師であるエミール・アドルフ・フォン・ベーリング（1854〜1917）がコッホ研

＊9　これを応用し，人工的に作り出した抗体をがんなどの病気の治療に使う「抗体医療」の研究が現在進められています．

究所にやってきます．血清中に存在する抗菌作用を持つ物質を研究する目的でした．これとほぼ同時期に，コッホのグループではジフテリアの研究も進められており，ジフテリアも破傷風と同様，菌の産生する毒素が病気の発症に関連することがわかってきました[*10]．

　この時，北里はすでにウサギを使った実験で破傷風に対する抗毒素の存在を明らかにしており，ベーリングはジフテリアの治療法に抗毒素を利用する血清療法のアイデアを持っていたようです．北里とベーリングは一緒にジフテリアの抗毒素の研究を始めました．破傷風菌と同様，ジフテリアでも抗毒素の存在がわかり，毒素を不活化したものをマウスに投与して予防効果を発揮することを確かめます．こうしてベーリングの着任から間もない翌1890年には，動物におけるジフテリア免疫および破傷風免疫の成立についての論文を連名で発表しています．ベーリングはマウスでジフテリアの抗毒素での効果を研究していましたが，マウスが死に至るには大量のジフテリア毒素を必要とするため実験がうまくいかなかったようです．一方，破傷風毒素は低濃度でもマウスを死に至らしめることから抗毒素の治療効果の研究が進みました．

　その後，ベーリングはヒツジを使ってジフテリア抗毒素を作製し，1891年のクリスマスにベルリンでジフテリア患者の女の子に投与しました．これが血清療法の始まりでした．さらに，ヒツジからウマに代えることで大量に抗毒素を得ることができ，当時多くの子供達の命を奪っていたジフテリアの治療に応用したことが高く評価されたベーリングは1901年の第1回ノーベル医学・生理学賞を受賞しました．

　北里と一緒に血清療法を開発したベーリングだけがノーベル賞を受賞し，北里が受賞できなかったことを不思議に思う人もいるのではないでしょうか．実は，北里も候補者に推薦されていましたが，破傷風はヒトからヒトに感染することはなく，飛沫感染するジフテリアと比べると社会への貢献度という点からは低かったために受賞することは叶いませんでした．ウマの血清を使用することから，2回目の投与から副反応が出現するいわゆる血清病の問題も生じました．抗毒素を投与しても効果のない例や，破傷風抗毒素を投与して破傷風菌の芽胞が混在して破傷風を発症した例もありました．しかし，それを差し引いても北里が偉大な功績を残したのには違いありません．

[*10]　1883年にドイツのエドヴィン・クレープスがジフテリア菌を発見し，翌1884年にコッホの一番弟子であるレフラーが純粋培養に成功しました．

図 2.17　研究中の北里柴三郎（晩年）
結核のツベルクリン療法を研究しているところ.（北里大学 北里柴三郎記念室）

　北里は 1892 年に帰国し破傷風の論文を発表し，帰国後自由に研究ができるものと思っていましたが，東京帝国大学時代からの教授との軋轢から，東京帝国大学に対立する北里を受け入れてくれる研究施設はなく孤立無援となりました[*11]．海外で大きな業績を上げて帰国した北里が自由に研究できない状況を憂いた福沢諭吉の援助を受け，1892 年に私立伝染病研究所を芝公園に開設しました．当時の日本では疫痢の流行が公衆衛生上の大きな問題となっており，衛生行政は内務省の管轄で進められていました．この頃から，破傷風，ジフテリアの血清療法を日本でも始めています．1899 年には国立伝染病研究所となり，1906 年に白金台に移転しました．ところが 1914 年に突然，所長の北里に相談もなく東京帝国大学の下部組織として文部省の管轄に移すことが決定されました．納得できない北里は辞表を提出し，私費を投じて北里研究所を 1914 年に設立しました．また，結核療養所として 1893 年には「土筆ケ岡養生園」を開設して結核の予防，治療にも貢献しました．慶應義塾大学の医学科創設に際し，福沢諭吉の恩に報いるべく初代医学科長および病院長に就任し，日本の科学の黎明期に予防医学の重要性を説き，実践し，1931 年に 78 歳で亡くなりました（**図 2.17**）．

[*11]　1894 年のペスト菌の発見において，エルサンとの先陣争いに対しても，東京帝国大学グループは「北里のペスト菌の発見は間違いである」との見解を示していました（後日，北里の名誉は復活したことは前述しました）．

■2.3.5　コッホと結核菌

　コッホ本人の功績に話を戻しましょう．1882年，結核菌の分離同定に成功したコッホは，結核の治療法とワクチンの開発に取り組みます．

　まず，結核菌の培養液を不活化したものを作製し，1890年に「ツベルクリン」として発表します．彼はツベルクリンに結核治療薬としての効果を期待しましたがうまくいきませんでした．次いで，パスツールのニワトリコレラ菌，炭疽菌，狂犬病ワクチンの製法にならって結核菌を空気中に晒して不活化し，病原性の低い（晒した時間の長い）順に接種する方法を試したり，ベーリングや北里にならって抗体を誘導する毒素があるかどうかを調べたりしましたが，全て失敗しました．ベーリングの実験室で5年半乾燥状態に置き保存されていた結核菌をジェンナー方式で接種したものは，かろうじて有効性が認められましたが，安定した効果は認められませんでした．

　残念ながら，コッホが結核ワクチンの発明を成し遂げることはありませんでしたが，結核に関する数々の研究業績によって1905年にノーベル医学・生理学賞を受賞します．ツベルクリンは失敗に終わったかと思われましたが，1907年になってオーストリアの小児科医ピルケが結核感染の有無を確認するのにツベルクリンが利用できることを見出します．まさに，皆さんもよく知っている「ツベルクリン反応」です．ツベルクリン反応は2005年に結核予防法が改正されるまで，およそ1世紀にわたって利用されました．コッホは1908年からは夫婦で世界旅行に出発し，北里の招きで訪日しています．その後，1910年に66歳で亡くなりました．

■2.3.6　結核ワクチンはその後どうなったのか？

　結核ワクチンの開発に取り組んだコッホのさまざまな試みは実を結びませんでしたが，1921年になって結核ワクチンが開発されました．コッホのライバルであったパスツールの設立したパスツール研究所で誕生したこのワクチンは BCG ワクチンの名で知られ，現在に至るまで使用されています．BCG は Bacille de Calmette et Guérin の略で，ワクチン用の菌株の名称です．2人の開発者カルメットとゲランにちなんでいます．

　「ヒト以外の動物に感染する病原体はヒトにとって病原性が低い」というジェンナーの種痘で見出された知見にヒントを得て，カルメットとゲランはウシの結

核菌に着目します．1904 年，ウシの結核菌を分離したノカードから彼らのもと
にウシ結核性乳房炎にかかった雌牛のミルク（Nocard's milk）が送られてきま
した．ここから結核菌を分離して無毒化を試みましたが，結核菌を含んだミルク
は凝集しやすく均一化が困難であったため，2 人の実験は暗礁に乗り上げます．
1908 年，ウシの胆汁を 1 滴加えた際にこの凝集が解けることを偶然発見し，ウ
シ胆汁を含む溶液にジャガイモ培地を浸して結核菌を培養する方法を編み出しま
す．彼らはこれを 13 年にわたって 231 代継代することで弱毒化を進め，1921 年
にようやく BCG 株を樹立しました．

　同 1921 年，早速ヒトへの接種が開始されます．この BCG の乾燥製剤 2 mg を
生後 3，5，7 日の 30 人の赤ちゃんの口に入れた後，ミルクを飲ませました．こ
の時代には，結核菌は抗酸菌で胃酸でも不活化されず腸管から吸収されて全身症
状を起こすと考えられていたので，最初は注射でなく経口投与のワクチンが開発
されました．特に大きな問題はなく，1921 年から 1926 年までに約 5 万人に投与し，
BCG 投与群での結核感染例の死亡率は 1.8% でした．一方，コントロール群（非
投与群）の死亡率は 25～32.6% で BCG ミルクの有効性が認められています．

　当時のワクチンは製薬メーカーが製造したものではなく，多くは大学の研究室
で製造されていました．1929 ～ 1930 年にはドイツのリューベック市で BCG 製
剤にヒトの結核菌が混入し，投与した 251 例のうち 72 例の死亡例を認めたリュ
ーベック事件が起きています．リューベック市総合病院の研究室では BCG だけ
でなくヒト型の強毒結核菌を扱っており，誤って BCG ワクチンに混入したもの
と考えられました．この事件をきっかけに，ワクチンの製造施設に野生株を持ち
込まない等の GMP（good manufacturing practice）基準が決められ，基準を満
足した製造施設で製造すると定められています．

2.4　自身も黄熱にかかりながら―野口英世とタイラー

■2.4.1　黄熱と野口英世

　黄熱はアフリカや南アメリカでしばしば流行を引き起こしてきました．今もこ
れらの地域の風土病であり，患者が発生しています．病原体である黄熱ウイルス
をネッタイシマカなどの蚊が媒介して広まりますが，ヒトとヒトの間で直接感染
することはありません．黄疸や腎障害のほか中枢神経にも症状が現れ，死亡率は

30〜50％と高く危険な感染症です.

　北米大陸と南米大陸の間に位置するパナマ運河の建設工事が始まったのは1880年のことです. 建設の難しさに加えて, 黄熱やマラリアが猛威をふるい, 多くの労働者が罹患したことによって工事は難航しました. その頃パスツールやコッホらによって細菌学の基礎ができ, 感染症という概念も浸透しつつありましたが, 細菌と比べてはるかに小さいウイルスは当時の顕微鏡で見ることが難しく, 黄熱の原因は明らかになっていませんでした.

　1900年, 米軍は1898年の米西戦争（キューバをめぐる米国とスペインとの戦争）の際に兵士に大量発生した黄熱の原因を調査し, 蚊がこれを媒介したのではないかと報告しています. この仮説を証明するため, 蚊に黄熱患者の血を吸わせ, 続いてその蚊に健康なヒトの血を吸わせて黄熱を発症するか調べるという実験を行いました. この実験では勇敢な志願者11人のうち2人のみが発症（その後回復）という結果で, 仮説を証明するには弱いものでした. 研究チームの一員であった細菌学者のジェシー・ラジアは自身でそれを証明しようと志願し, 蚊に刺させた数日後に発症し亡くなってしまいます. 残念な事件ではありましたが, これによって黄熱が蚊により媒介されることがわかりました. そこで, パナマ運河の工事現場では蚊の駆除が行われ, 予定よりも大幅に遅れながらも1914年に開通しました.

　黄熱といえば, 野口英世（1876〜1928）を思い浮かべる人も多いでしょう（**図2.18**）. 野口は福島県に生まれ, 幼いころに囲炉裏に落ちて左手に後遺症が残りますが, 苦労して医師となります. 1900年に渡米してペンシルバニア大学で職

図2.18　野口英世（左）と, ガーナ大学キャンパスの野口英世の胸像と著者（右）

を得て，その後ロックフェラー研究所で細菌学の研究に従事し，1911 年に梅毒の原因となる細菌スピロヘータを発見したことで一躍世界的に有名になりました．さらに 1913 年には，進行性麻痺や脊髄癆の患者の脊髄標本からこのスピロヘータを発見し，これらの症状が梅毒の合併症であることを証明しました．1918年，ロックフェラー研究所から黄熱の病原体発見とワクチン開発を託された彼は，流行地であるエクアドルに赴きます．彼はレプトスピラ・イクテロイデスという細菌が黄熱の原因であると結論し，"野口ワクチン"を作製したものの，英国や仏国の研究者からこのワクチンは効果がないこと，レプトスピラが検出されないことが報告されました．彼はレプトスピラが原因であることを証明するためにガーナに移動してようやく患者を見つけ出して（すでにこのころガーナでの黄熱流行は終息しつつありました）実験を続け，黄熱の原因が濾過性病原体（ウイルス）であることを発見して自説を否定しました．しかし，自らも黄熱に感染し「私にはわからない」という言葉を残して 1928 年に死亡しています．1928 年のはじめに黄熱らしい症状を発症し，自ら黄熱と診断して（黄熱ではなかったという説もあります），「終生免疫を獲得するはずなのに感染したことが"わからない"」と言ったのではないかと言われています．彼の献身的な努力と彼のそれまでの業績をたたえ，ガーナの首都アクラのガーナ大学には野口記念医学研究所が設立されています．

■2.4.2　黄熱ワクチンとマックス・タイラー

　野口英世が成し遂げられなかった黄熱ワクチン開発は，南アフリカのウイルス学者マックス・タイラー（1899 ～ 1972）によって実現されました．タイラーは野口の「レプトスピラが黄熱の病原体である」という仮説を否定していたひとりで，1927 年にはアカゲザルを使った研究によって黄熱の原因がウイルスであると証明してヒュー・スミスとともにワクチン研究を進めます．1927 年に分離されたこのウイルスは，Asibi という名の患者から採取されたことに由来してAsibi 株と呼ばれています．ウサギやマウスなどヒト以外の動物で継代するとヒトに対する病原性が低下すること，さらにニワトリ胎児胚細胞を用いてウイルスを培養できることもわかっていたので，タイラーたちはマウスやニワトリを使って Asibi 株を継代し，100 代以上を経て弱毒化しました．これをサルに投与して病原性が低下していること（安全性）と免疫を誘導していること（有効性）も確

認しました．このウイルスは 17D 株とよばれ，現在もワクチン株として使用されています．

　黄熱ワクチンは，人類が開発した初めての生ワクチンです（厳密にいえばヒトに感染しない動物の天然痘ウイルスをヒトのワクチンとして利用したジェンナーの種痘を除いて，ということになります）．これによって黄熱の予防に貢献したタイラーは 1951 年にノーベル医学・生理学賞を受賞しています．しかし，再度同じやり方で挑戦しても 17D 株と同じ性状のウイルスはとれませんでした．ワクチンの樹立には変化しうる細菌やウイルスとの対峙が必要ですから，継代することによる細菌やウイルスの性状の変化を見定めていくたゆみない努力や観察力だけでなく，幸運，強運にも左右されるものといえます．

　「努力している人にのみ幸運は訪れる（Where observation is concerned, chance favors only the prepared mind）」というジェンナーの功績をたたえる会でのパスツールの言葉からも，ワクチン開発の難しさがうかがわれます．

＊　　　＊　　　＊

　Ⅱ章では，ジェンナーの種痘に始まり，細菌学の基礎を築いたパスツールとコッホ，その有能な弟子である北里とベーリング，そして黄熱研究に人生を捧げた野口英世やタイラーの偉大な功績を辿ってきました．本章で登場しなかった弟子やその他の世界中の研究者たち，種痘の普及に貢献した宣教師団や日本の藩主，市井の医師たち，研究を支援した有力者たち……数えきれないほどの人たちが感染症研究とワクチン開発，普及に力を尽くしてきたのです．こうした先人たちの努力の上に，現代のワクチンがあります．次のⅢ章では，現在日本で使用されているワクチンについて，歴史や特徴，問題点まで詳しく解説していきましょう．

Ⅲ章　現在，我が国で使用されている　ワクチンについて説明しましょう

3.1　結核と BCG

昔の病気じゃないんですか？

■3.1.1　結核はいつ頃からあったのか？

　結核の歴史は天然痘と同様に古く，我が国では弥生時代の初期と思われる遺跡から発掘された人骨に脊椎カリエス（結核菌の脊椎骨への侵入）の跡が見つかっているようです．世界では古く9000年前の遺体からもその痕跡が見つかっています．

　結核と聞いて思い浮かぶのは正岡子規です．肺結核にかかり喀血し，「鳴くと血を吐くホトトギス」になぞらえて俳号を子規（ホトトギスの漢字）とし俳句の雑誌『ホトトギス』を発刊しました．晩年は結核性の脊椎カリエスで臥床し，苦しみながら亡くなりました．辞世の句にも「痰一斗糸瓜の水も間にあはず」（あまりにも多く痰が出るので薬のヘチマの水がとれる時期まで身体がもちそうもない）と詠まれています．さぞ，辛かったことと思います．明治になって富国強兵政策により，欧米に追いつくように工業化が始まった時代です．18世紀中頃から英国ではじまった産業革命では木綿工業が自動織機による終日操業となり，そのエネルギー源となる石炭の採掘は過酷な労働条件，劣悪な生活環境，過労，栄養不足，集団生活で結核が蔓延する条件が整っていました．『女工哀史』でも書かれているように，「国民病」「亡国病」とも呼ばれていました．炭鉱や紡績工場だけでなく軍隊も同様の条件で，正岡子規も日清戦争の従軍記者として赴任した時に喀血しています．

■3.1.2　結核はどのような病気か

　結核は飛沫核により空気感染で広がります．飛沫核は肺胞に達して肺胞マクロファージに取り込まれ，肺門の所属リンパ節に運ばれます．肺門リンパ節から血液やリンパ液の流れに乗って感染が拡大します．正常な免疫能を持っている多くの感染者は感染細胞ごとに囲い込んで石灰化して，無症状に経過します．一部で

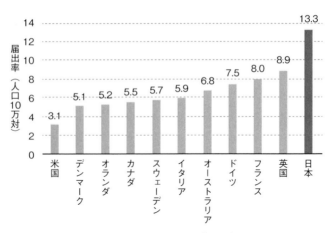

図 3.1　諸外国と日本の結核届出率
日本のデータは「平成 29 年結核登録者情報調査年報」，諸外国のデータは WHO
「Global Tuberculosis Report 2018」より.

は気管支を介して別の肺区域にも感染し肺結核を起こします．免疫能の未熟な新生児では，肺全体に広がる粟粒結核，結核性髄膜炎を合併し，死亡例も認められます．後天性免疫不全症候群（acquired immunodeficiency syndrome: AIDS）患者，がんを患い抗がん剤やステロイド療法による治療中の人，高齢者では，過去に感染し潜伏していた結核菌が再活性化されて発症する例（二次結核）が多いようです．症状としては，微熱，倦怠感，食欲不振，体重減少と非特異的で，進行してはじめて診断されることが多いようです．

■3.1.3　近年の結核発生状況

　2018 年時点で，日本国内においては年間に 1 万 6,000 人の感染例が報告されており，その 2/3 が 65 歳以上の高齢者です．一方で，芸能人の感染や学校での集団感染など，若い人の間にも発生してしばしばニュースになっています．人口 10 万あたりでは 13.3 例の届出数と，世界の先進国と比較してまだ高いレベルにあります（図 3.1）．最近では，ベトナム，ネパールなどからの技能実習生や留学生の結核が増えてきており，受け入れ時の対応が進んできています．

■3.1.4　結核のワクチン BCG

　結核を予防するために BCG が開発されたことはⅡ章（p.86 参照）で述べました.

表3.1 BCG接種の有無における結核患者数（Hart, P. D., Sutherland, I.: *Br. Med. J.*, 1977; **30**: 293-295）

	接種後経過年数				
	0～5年	5～10年	10～15年	15～20年	計
BCG接種群（1万3,598人）	27	22	7	6	62
コントロール群（1万2,867人）	160	67	16	5	248
有効率	84%	69%	59%	-12%	77%

パスツール研究所から分与されて，国ごとに異なる継代過程から微妙に性状が異なっており，東京株は免疫原性も高く副反応も少ないことが知られています．

日本では1942年からBCG接種が始まりました．1948年からは30歳未満では毎年ツベルクリン反応検査を受けて陰性者にBCGを接種することが予防接種法で決められました．1951年から結核予防法の管轄になりました．1967年からはそれまでの皮内接種（皮下より浅い表皮と真皮の間に接種します）から9本針の管針に変わり，1974年からは結核予防法の改正により乳幼児期（4歳までに），小学1年生，中学2年生の3回接種が決められました．

図3.2 BCGの針
（Y tambe/CC BY-SA 3.0）

BCGの予防効果を調べてみると，5年以内での有効率は84％で，乳幼児期に限定的であり，その後は有効率が低下してくることがわかりました（**表3.1**）．2003年からは，小学1年生，中学生へのツベルクリンとBCGの接種が中止になり，乳児期の1歳までとなりました．また，ツベルクリン反応に診断価値がないことが明らかとなり，2005年以降はこれを省略し6カ月までにBCGを接種することになりました（**図3.2**）．さらに，2013年からは1歳までにBCGを1回接種することになりました．

BCGの針跡は通常10日前後で赤くなり，1～2カ月で少し腫れるようになります．副反応はコッホ現象といって，接種後数日（1～2日）と早くから強い反応が出ます．コッホ現象はワクチンの副反応だけでなく結核に感染している場合にも起こることがあります．接種部位が化膿したりすることもありますが特に治療しなくても大丈夫です．接種した側の腋の下のリンパ節が腫れることがあります．

稀に，骨，関節への感染が認められます．

3.2　ポリオワクチン

日本には患者さんはいませんよね？

■3.2.1　ポリオとは

　ポリオ（急性灰白髄炎）は有史以来，ヒトに感染し麻痺を残していました．エジプトのピラミッドの中の壁画の石板には右足に麻痺が残っているお坊さんが描かれています（**図3.3**）．3000年以上も昔から人類と共存してきたウイルス感染症です．1870年頃に脊髄の灰白質に炎症を起こす病気として発見されました．ギリシャ語でポリオ（灰色），ミエロ（脊髄）の炎症が病名の由来です．ここでは，「ポリオウイルスによる感染症」を「ポリオ」と表記したいと思います．

　下肢の運動神経麻痺だけではなく脊髄の上位の運動神経麻痺を起こすと呼吸筋が麻痺して呼吸ができなくなります．ワクチンや人工呼吸器がなかった1940年頃は，周期的に陰圧をかけることで胸郭を広げ呼吸をさせる「鉄の肺」に収容され生涯暮らす子どもたちがいました（**図3.4**）．

　ポリオウイルスは患者の便に排泄され経口感染して伝播します（**図3.5**）．ウイルスは最初，咽頭，腸管粘膜細胞で増殖し，腸管パイエル板等のリンパ組織から血液の中に入りウイルス血症を起こし脊髄の前根の運動神経細胞に感染しま

図3.3　エジプトのピラミッドの石板画
お坊さんの右足がポリオの運動神経麻痺により細く尖足位といった後遺症を示している．

図3.4　鉄の肺
ポリオで呼吸筋の麻痺を起こすと，こうした鉄の肺に収容される．（Oshinsky, D: Polio. *In* Vaccines: A Biography, edited by A. W. Artenstein, Springer Science+Business, 2010より）

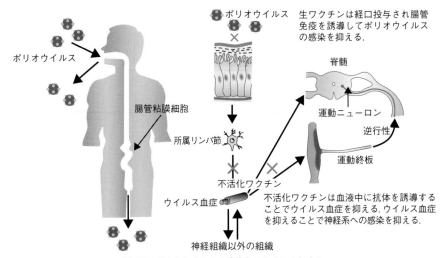

図3.5　ポリオウイルスの感染とワクチンのしくみ
ポリオウイルスは腸管に感染して増殖し，血中に入り脊髄の運動神経細胞に感染して運動神経麻痺を起こす．また，腸管で増殖して腸管支配神経を逆行し，運動神経細胞に至るという経路もあると考えられている．

す．腸管で増殖した後で腸管の粘膜下神経叢から支配神経である腸管神経系を逆行性に侵入し，運動神経細胞に感染する経路も考えられています．

　ポリオの症状は，最初は下痢や感冒（かぜ）様の症状だけですが，通常下肢の運動神経麻痺が出現します．ウイルスが感染して症状が出てくるまでの潜伏期間は1～2週で，90～95％は不顕性感染（症状を示さない人）です．実際に麻痺を起こす例は，感染した人の100～1,000人に1人と考えられています．

　1949年には米国のエンダースのグループにより1949年にヒト胎児細胞を使ってポリオウイルスが分離され，血清型Ⅰ，Ⅱ，Ⅲと3種類が存在することが知られてきました．ポリオに罹患し回復したヒトの血清中には抗体が存在し，1951年にはこうしたヒトから採血して抗体製剤を作り5万4,000人に投与すると麻痺患者の発症阻止に関して有効率が80％であったと報告されています．このことは，ポリオにおける麻痺の発症は血中に抗体があれば予防できることを意味します．抗体の誘導は生ワクチンと不活化ワクチンのどちらでも誘導できます．

■3.2.2　不活化ワクチンの開発

　米国では1930年代にコルマーとブロディによりポリオに罹ったサルの脊髄をすりつぶし，ヒマシ油につけて15日間処理した最初の不活化ワクチンが製造さ

れましたが，1万人以上に接種され接種した腕に麻痺を認めた子ども達が10人近く出現し死亡例も出ました．ウイルス粒子が凝集して固まって，その中のウイルスの不活化が不十分だったと考えられました．

不活化ワクチンの開発に成功したのは米国の医学者ジョナス・ソークです．エンダース（1.1.2項）が1949年に細胞培養技術を発明したことによりポリオウイルスが分離されて不活化ワクチンが開発され，このころの米国大統領ローズベルト（ルーズベルトともいう）はポリオに罹患し麻痺が残っていたこと（ギラン・バレー症候群であったという説もあります）から米国はポリオ撲滅を目指し，国を挙げてのワクチン開発とポリオ撲滅政策を推進してきました．1954年から1955年にかけて，サルの腎臓細胞で製造した不活化ポリオワクチンを用いて140万人近くに及ぶ大規模な比較試験が行われました．不活化ワクチン接種群では42万人への接種で71例の発症，偽薬群20万人とコントロール群72万人の合計92万人のうちで445例の発症が報告されました．その結果，不活化ポリオワクチンの予防効果は80〜90%と良好な成績を示し1955年に認可されました．

この審査基準に合格した6社1,000万人分のワクチンを用いて大規模接種が始まりました．ところが，一般接種試験が始まって間もなくカッター社製のワクチン接種後に200例あまりの麻痺が報告され，米国の連邦政府機関は不活化ポリオワクチンの停止とカッター社のワクチンの回収を指示しました．大量のウイルス液を不活化する工程でウイルスが凝集して塊をつくり，中のウイルスが不活化されなかったためと考えられました．最初の失敗を繰り返してしまったのです．

■3.2.3　生ポリオワクチンの開発

生ワクチンの原型は，Ⅱ型のウイルスをサル→マウス→コットンラット脳で継代し弱毒化したTN株です（1950年樹立）．このTN株はⅡ型にしか効果がありませんでしたが，その後も開発が続けられ，1963年には3価（Ⅰ〜Ⅲ型すべての）の生ワクチンが認可されました．これにより米国では不活化ワクチンは生ワクチンに置き換わりました．その理由として以下が考えられます．

　　①生ワクチン接種後の効果が不活化ワクチンよりも優れていた．
　　②自然感染に近い免疫を誘導し感染防御効果が高い．
　　③経口ワクチンで投与方法が簡単である．
しかしながら，生ワクチンは身体の中で増殖することから，200〜400万接種

機会に1例の頻度で麻痺が発症することが問題となり，自然感染のなくなった2000年には米国では再び不活化ワクチンに転換しています．

■3.2.4 世界と日本におけるポリオの疫学

生ワクチンは前述のようなメリットに加え，不活化工程が不要で安価に製造できたため，ポリオの流行地である開発途上国で優れた効果をあげてきました．1974年にWHOは世界中の子どもたちの開発途上国での予防接種を拡大するExpanded Program on Immunization（EPI）を組織し，ポリオに対しては世界中の80％の子どもたちが生ワクチン3回の投与を受けることを目標としました．1990年以前ではポリオの常在国は125カ国存在し，1998年には35万人の麻痺性ポリオ患者が発生していましたが，2001年には500例以下となり，2005年をポリオ撲滅のターゲットとして設定しました．Ⅱ型ウイルスは1999年のインドの発症を最後に根絶されています．ナイジェリアでは一度撲滅されたかに思われましたが，2016年にⅠ型が報告されました．また，生ワクチンのウイルスが変異したワクチン由来の新たな野生株型が出現しました．生ワクチンを使っている限りこうした問題点は残ります．Ⅱ型が根絶されⅠ型とⅢ型を含んだ2価の生ワクチンへの変更とともに不活化ワクチンをプログラムに組み込んでいくことが推奨されました．2012年にはⅢ型も撲滅され，野生株の流行はⅠ型のみでワクチン由来の伝播株が残っています．2020年にはナイジェリアでのポリオ発生ゼロとなり，アフリカ全体でポリオフリーとなりました．

■3.2.5 我が国のポリオの状況

我が国での発生状況を図3.6に示します．1950年頃から毎年数千人の発症が報告されていました．1960年に約5,600例の患者発生を認め，1961年6月には1960年と同様に増加傾向が認められるようになり，子どもたちへの感染を憂う主婦連合会により厚生省（当時）に迅速な対応を求めるデモが行われました．当時の厚生大臣の決断で生ワクチンが超法規的にソ連とカナダから緊急輸入され全国一斉投与が行われました．生ワクチンの効果は明白で，1964年以降には100例以下の報告となり，その後は患者発生は激減し1981年以降は野生株によるポリオ麻痺患者は報告されていません（表3.2）．年間に数例発生するポリオ患者は，ワクチン株に由来するワクチン被接種者でした．野生株の流行がないなかでワク

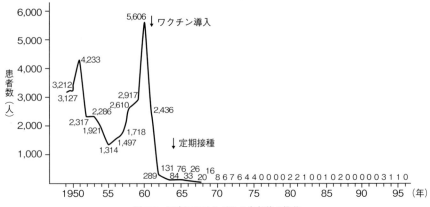

図 3.6　国内におけるポリオ患者数の推移
1961年に生ワクチンが導入され，ポリオ患者数は激減した.
（木村三生夫，平山宗宏，堺春美編著：予防接種の手びき 第9版，近代出版，2003）

表 3.2　ポリオの患者数とウイルス分離例

	定型ポリオ患者数	ウイルス分離実施例	ポリオウイルス分離例	
1962年～1965年	135	81	25	
1966年～1970年	69	60	38	
1971年～1975年	14	14	12	
1976年～1980年	9	9	8	
1981年～1985年	7	7	4	1980年以降分離
1986年～1990年	1	1	1	されるポリオウイルスはワクチン株
1991年～1995年	7	7	7	由来

定型ポリオ：典型的な麻痺を認めるポリオ患者.
（木村三生夫，平山宗宏，堺春美編著：予防接種の手びき 第9版，近代出版，2003）

チン株による麻痺が出現する状況になると，生ワクチンの使用を続けることは問題となります.

　そこで，日本でも 2012年から不活化ワクチンに転換しています. このワクチンは日本で開発されたもので，生ワクチンウイルス株をサル腎細胞の株化細胞に接種し培養上清からウイルスを精製しホルマリンで不活化して製造されています. この不活化ポリオワクチンと国産の DPT ワクチンとを混合した多価混合ワクチン（DPT-IPV）を生後3カ月から20日以上の間隔をあけて3回接種し，初回接種の3回目が終了後，6カ月以上あけて追加接種を行うことになります. 合計4回を 90カ月以内に接種することとなっています.

　副反応は接種部位の局所反応が主体で，発熱を含めた全身反応は稀です．天然痘に次いで撲滅が期待されています．

3.3　麻疹と麻しんワクチン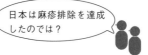

■3.3.1　麻疹とは

　麻疹（はしか）は古くから伝染する病気として知られ，脳炎，細菌性肺炎を併発し致死的合併症から快復しても失明などの重篤な後遺症を残すため，「命定め」の病気として知られていました．1862 年（文久 2 年）に麻疹が流行し，24 万人が亡くなったといわれています．また，当時の瓦版に載った麻疹の養生記では，麻疹の症状が的確に捉えられています．そのなかで，「天平 9 年（737 年）にはじめて"はしか"が流行った」と書かれています*1．また，はしかに罹った大人に赤い発疹が出ている様子が描かれています．ほかにも，流行により経済活動が落ち込んだ店主たちが麻疹を退治しようとしている錦絵が残っています（図 3.7）．

　麻疹の典型的な臨床経過を図 3.8 に示しました．麻疹患者の咳やくしゃみから放出された 5 μm 前後の小さな粒子の中に麻疹ウイルス（*Measles morbillivirus*）が存在し，空気中を漂う小さな飛沫核によって空気感染します．上気道粘膜組織に遊走している樹状細胞などのリンパ球系の細胞に感染し，ウイルスは所属リンパ節まで運ばれます．この過程で一次ウイルス血症を起こし（感染して 2 ～ 3 日後），リンパ節でリンパ球に感染し二次ウイルス血症を起こし（感染して 5 ～ 7

図 3.7　1862 年のはしか絵（「麻疹退治」）
当時の「麻疹養生記」には，「当年麻疹流行する事広大にして一生の大厄なり　先初りは気分あしく　ことに咽かはき　湯水を呑みたがり候共　水は一切呑べからず　三日四日めにして発するなり　五六日目には絶食に相成候とも決して　心配すべからず十二日を経候は，全快するなり　全快の後養生専一に風に吹かれぬよふに大事に　いたし候は後々の患これなし…（略）むかしよりはしか流行する事左のごとし」とある．また，天平 9 年（737 年）「はじめてはしかやる」（天然痘ではないかとの説もある），長徳 4 年（998 年）「はしかはやる」との記録が残っている．（伊藤恭子編著：くすり博物館収蔵資料集④はやり病の錦絵，内藤記念くすり博物館，2001 より）

---

*1　737 年に流行した疫病は，後年では天然痘とする説もあります．

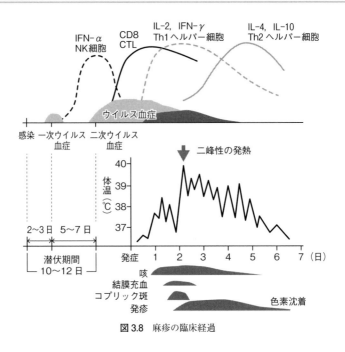

図 3.8　麻疹の臨床経過

日後）全身の臓器に撒布されます．

■ 3.3.2　麻疹の臨床症状

　通常，麻疹は約 12 日の潜伏期間（ウイルスが感染して発症するまで）後[2] に，眼球結膜の充血，咳，鼻汁などの上気道のカタル症状が出現し，2〜3 日発熱が持続して一度下がりかけたかに思えても 39〜40℃ の高い熱が出る二峰性発熱とともに，コプリック斑，色素沈着を残す発疹などの特徴的な臨床症状を示します（**図 3.9**）．脳炎，肺炎，中耳炎，失明などの重篤な合併症を起こすこともあります．

　麻疹は上気道に感染する気道系のウイルスでリンパ球に感染し，ウイルス血症を起こす全身感染症です．一過性に細胞性免疫能が低下し，細菌性肺炎やウイルス性の下痢を併発し，開発途上国では抗菌薬の使用や点滴などの適切な処置がとれないことから，致命率が 2〜3％ と高くなる重大な感染症です．

　開発途上国に限らず，妊婦が感染すると胎児死亡の原因となります．また，先

＊2　感染後 2〜3 日で一次ウイルス血症を起こし，5〜7 日後には二次ウイルス血症を起こし，潜伏期間
10〜12 日で発症する．

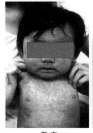
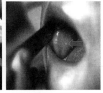

発疹　　　　　コプリック斑

図 3.9　麻疹の臨床症状（岡藤小児科 岡藤輝
夫氏提供）（☞巻頭カラー口絵 1 参照）

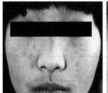
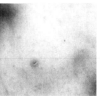

図 3.10　修飾麻疹の症状（岡藤小児科 岡藤輝夫
氏提供）（☞巻頭カラー口絵 2 参照）

天性免疫不全，特に細胞性免疫系に異常を持つ児に感染した場合には重症化し，麻疹ウイルスの増殖を制御できずに発疹も出現せずに麻疹巨細胞性肺炎で死亡に至ります．麻疹の回復機序には細胞性免疫能が重要です．

■3.3.3　修飾麻疹とは

乳幼児では，微量に残っている移行抗体（母体からの抗体）により，感染しても軽度の発熱と発疹のみで典型的な症状は認めないことがあります．また，ワクチン接種後数年経ってワクチンで獲得した免疫能が低下し麻疹に罹患するケースもあります．これを修飾麻疹といい，コプリック斑が出現しない例が多く，典型的な症状は認めず，図 3.10 のような非典型的な発疹のみで診断が困難な場合が多いため，保健所に連絡して遺伝子検査で鑑別します．

■3.3.4　麻疹の合併症―麻疹脳炎と亜急性硬化性全脳炎

麻疹の重篤な合併症として，麻疹脳炎があります．麻疹の急性期の発疹期から2 週間以内（多くは発疹期）に，意識障害，けいれんで発症します．発症機序としては，ウイルスの直接的な侵入ではなく自己免疫応答による反応が考えられています．

一部の麻疹患者のなかで麻疹ウイルスが持続感染する亜急性硬化性全脳炎（subacute sclerosing panencephalitis: SSPE）は約 10 万人に 1 例の割合で合併します．SSPE は麻疹に罹患して 5〜6 年後に今までにできていたことがだんだんとできなくなり，異常行動が目立つようになり，性格の変化，ミオクローヌス，けいれんが徐々に進行します．筋肉が硬く萎縮して，反応性の低下，意識障害が

進行し最終的には不幸な転帰をとります.

■3.3.5　麻しんワクチン開発の歴史①—麻疹ウイルスが分離される前

　麻疹は7世紀にはその疾患の存在が知られ，1670年には天然痘との鑑別ができるようになったようです. 麻しんワクチン開発の歴史について麻疹ウイルスが分離される前と後に分けて調べてみましょう.

　ジェンナーの種痘法が開発される約40年前の1758年に，人痘接種と同じ方法が麻疹でも実施されていました. 発疹を針で傷つけ血液とともに羊毛や木綿に染みこませ12人の皮膚に擦りつけることで10人に麻疹を伝播することができたと報告されています. しかし，発症までの期間が短く社会でも麻疹の流行があり，これによって感染したのかどうかは現代では疑問視されています.

　1846年にはフェロー諸島に持ち込まれた麻疹の観察から，感染から発症までの潜伏期間が14日前後であることがわかり，麻疹の臨床像が詳細に観察されました. フェロー諸島はアイスランドとノルウェーの間の北大西洋に位置する島々です. ヨーロッパ大陸から隔絶されており，50年以上前の麻疹の流行を経験した世代は麻疹を発症することなく終生免疫を得ていることがわかりました.

　その後1915年には，麻疹患者の鼻汁を5カ月の乳児に経鼻投与したところ軽症に経過したことが報告されています. 1919年には麻疹患者の回復期血清を3例に投与し，その後麻疹患者の鼻汁を投与しても予防効果が認められたことから，麻疹の予防は回復期の血漿を投与する受動免疫にシフトしました. 1930年代には，麻疹患者の血漿を1,802例の5カ月児に1〜3回接種して軽症に経過した児を5年間経過観察したところ，ワクチンとしての有効率は79%であったと報告されています. 5カ月児には移行抗体が残っており，修飾麻疹として軽く済んで免疫ができたものと理解されます. しかしこの方法は，接種するウイルス量が一定でないことから効果がばらつき，抗体を持たない小児では麻疹を発症することから推奨されることはありませんでした.

■3.3.6　麻しんワクチン開発の歴史②—麻疹ウイルスが分離されてから

　ポリオウイルスを分離したエンダースらのグループにより，1954年にヒト腎細胞を用いて13歳の麻疹患児エドモンストン君から最初に麻疹ウイルスが分離されました. ヒト腎上皮細胞，ヒト羊膜細胞へと接種継代され1956年から1958年に

かけてニワトリ胎児胚細胞に継代した初代の麻しん生ワクチンが樹立されました.

　サルでの有効性が確認された後，この生ワクチンのヒトへの接種試験が行われました．多くの子ども達で発熱・発疹が認められましたが，全身状態は麻疹の自然感染に比べるとグッタリとすることはありませんでした．ただし，発熱を抑えるために免疫グロブリンを別の腕に接種する方法がとられたことによる他の病原因子の混入が危惧されました.

　当初の生ワクチンは副反応が強く，米国では同時にホルマリン不活化ワクチンも認可され，2〜3回接種する方式がとられました．しかしながら，不活化ワクチン接種後に麻疹に罹患すると胸水の貯留や結節性病変を伴う重症の肺炎に至る異型麻疹を起こすことから，1967年で中止となりました．ホルマリンで不活化することで麻疹ウイルスの細胞融合に関与する蛋白が変性してしまうことなどが原因と考えられています.

　以降，ニワトリ胎児胚細胞に継代したエドモンストンワクチン候補株を中心に高度弱毒生ワクチンの開発が各研究所で始まりました.

　日本では1968年に麻疹ワクチン研究協議会が組織され，高度弱毒生ワクチンの開発と改良が進められました．阪大微生物病研究会の開発したビケンCAMワクチン，武田薬品工業が外国から輸入して改良したシュワルツ株の2株が弱毒麻疹生ワクチンとして1971年から国内で一般に使用されるようになりました.

　北里研究所では，ニワトリ胎児胚細胞に継代する前のエドモンストン野生株をエンダース先生から分与してもらい，日本産の仔ヒツジ腎臓（sheep kidney: SK）細胞を経てニワトリ胎児胚細胞に継代することでAIK-C株（北里研究所）を1974年に樹立しています（**図3.11**）．各社の麻しんワクチンは1978年から定期接種となりました.

■3.3.7　麻しんワクチン戦略の変遷

　開発途上国では麻疹罹患後の一過性免疫不全により，重症細菌性肺炎，ウイルス性下痢症による脱水症状が死亡原因となり麻疹罹患後の致命率は2〜3％と高くなりま

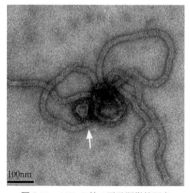

図3.11　AIK-C株の電子顕微鏡写真　ウイルス粒子が壊れてRNAが出ている．（北里生命科学研究所 山路祥晃氏提供）

す．そのために WHO によるワクチン接種拡大計画が 1975 年から始まり，1990 年代にはワクチン接種率は 80％近くに達しました．その後の接種率は足踏みし，麻疹死亡例の減少率も鈍くなってきました．

　1980 年代の開発途上国では生後 9 カ月で弱毒麻しんワクチンが接種されていましたが，ワクチン接種前に麻疹に罹患して亡くなる乳児例が多いことから，生後 4～6 カ月で麻しんワクチンを接種しようとして多くの臨床試験がアフリカを中心に実施されました．生後 6 カ月より前では移行抗体が微量に存在し抗体陽転率*3 が低いなどの理由から，通常の力価*4 より 100 倍以上高い力価のワクチンを使用する臨床試験が行われました．

　しかし，こうした臨床試験のうちで生後 6 カ月に高力価麻しんワクチンを接種した群において，3 年間の経過観察期間中に他の感染症に罹患して亡くなる子どもたちが多かったことが報告されました．通常力価の弱毒麻しんワクチンでは臨床的に問題となるような免疫能の低下は認められませんでしたが，高力価のワクチン接種により一過性免疫能の低下による感染症に対する感受性が増加したものと考えられました．1995 年以降，WHO は高力価の麻しんワクチンの使用を中止し原因究明が始まりました．麻疹ウイルスが感染した細胞の機能不全だけでなく周辺の細胞においても免疫応答が低下することが原因と考えられました．

■3.3.8　麻疹の疫学

　EU では 2010 年を麻疹排除の年と目標を定めていました（実際にはワクチン接種率の低い東ヨーロッパでの流行があり，2010 年に排除するという目標は達成できませんでした）．麻疹排除の基準は，①ウイルス学的に診断された麻疹は年間 1 例以下/100 万人口であること，②全数把握で実験室診断が整備されていること，③外国から持ち込まれたウイルスが常在化しないこと，の 3 つです．

　我が国では，1978 年から「麻しんワクチン」が定期接種のワクチンとして予防接種法に組み込まれました．さらに，1983 年から感染症サーベイランス事業が始まり，麻疹の患者報告数は毎年 2～3 万人で実数は把握できないものの，その約 10 倍の患者がいるものと想定されていました．

　2001 年に大きな流行があり，3 万 3,812 例が報告されました．この時は 5 歳未

＊3　抗体陽転率：ワクチンの効果を示す抗体が陽性に転じて免疫を獲得したと考えられる被験者の割合．
＊4　力価：感染性をもったウイルスの量（細胞変性効果を指標として測定する）．

満の麻しんワクチン接種を受けていない乳幼児の患者が多く,「1歳のお誕生日に麻しんワクチンを」のキャンペーンが始まり,その効果があって麻疹患者報告例数は減少しました.さらに2006年からは1歳代と小学校入学前の6歳を対象に2回接種が始まり麻疹はコントロールされるかに思えました.しかし,2007年には大学生〜成人の間で麻疹が大流行し,社会的な問題となりました.2008年にはさらに増え約1万例が報告されました.この世代に流行したのは麻しんワクチンを1回しか受けていない年代層であったからでした(**図 3.12**).

このころ,日本の中学生の野球チームが国際試合に参加しましたが,日本チームの中の学童から台湾チームに感染が広がり,米国にも麻疹が広がったため大きな問題となりました.また,修学旅行の高校生がカナダのバンクーバーで発症しホテルで足止めになりました(**表 3.3**).

2011年,東日本大震災,津波,原発事故の取材に来たジャーナリストがヨーロッパで流行していたウイルスを持ち込み,輸入感染が起こりました.その後も東南アジアからの輸入感染による地域の小流行が認められました.2015年は35例という過去最低の麻疹報告例数で,かつ全例が外国からの輸入感染であることから,日本は麻疹排除状態であることが認められました.しかしながら,2016年には関西国際空港を拠点に中国由来株(H1型)の流行,2017年にはインドネ

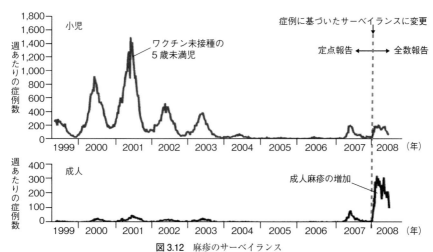

図 3.12 麻疹のサーベイランス

2001年に5歳未満のワクチン未接種児による流行,2007〜2008年に若年層のワクチン1回接種者による流行のピークがみられる.(国立感染症研究所 感染症疫学センターによる)

表 3.3　麻疹の主な輸出・輸入感染

2007年	東京の高校生が修学旅行でカナダを訪問中に麻疹で入院，抗体検査陰性者131人は隔離された
2007年	中学生の国際スポーツ大会で日本の参加者が麻疹に罹り，台湾チームに感染． 米国各地にも散発例がみられた
2011年	ヨーロッパから来た震災・原発取材のジャーナリストが感染源となり，D4型が流行
2014年	フィリピンからB3型の輸入感染があり，2014年前半で昨年度報告数例を凌駕
2016年	千葉でD8型が散発流行
2016年	関西国際空港職員にH1型が流行
2017年	インドネシア・バリ島からの輸入感染
2018年	台湾から沖縄にD8型の輸入感染
2019年	フィリピン，ベトナムからD8型，B3型の輸入感染

東南アジアは麻疹野生株の宝庫であり，散発流行がみられることがあるほか，風疹も持ち込まれている．
輸入感染例から二次感染を起こさないことが麻疹排除につながる．

シアのバリ島からの輸入感染が地域的小流行を起こしています．さらに，2018
年にも台湾からの輸入感染が起こりました．2019年にはフィリピンとベトナム
からの流行が持ち込まれています．

■3.3.9　なぜ，ワクチンを2回も受けないといけないの？

　1846年のフェロー諸島での研究で，麻疹は終生免疫であり一度罹れば二度罹
ることはないことがわかっていました．生ワクチン接種後も同様に免疫能は長期
間維持されると思っていました．しかし，1989年米国の小学生に麻疹が流行し
ました．乳幼児期に1回麻しんワクチンを受けていたのですが，麻疹の感受性者
（感染する可能性のある人）を減らすために就学前に2回目の接種を強化するよ
うにしました．麻しんワクチンがある程度普及してくると麻疹の患者も減少し，
数年ごとの流行になりました．その後，ワクチン接種数年後には血清抗体価は減
少してくることがわかりました．麻疹が流行していた時代には，流行時に感染し
ても発症はなく不顕性感染で免疫能が増強され，維持されていました（ブースタ
ー効果といいます）．我が国では，流行が小さくなってくるとブースター効果が
期待できないため小学校入学前に2006年から追加接種をするようになりました．
麻疹コントロールのためにはすべての学童が2回接種を受ける必要があり，中学1
年生，高校3年生を対象に，追加接種の機会を増やすために2008年から5年計画
でキャッチアップキャンペーンがはじまりました．

■3.3.10　世界の状況とこれからの麻疹をめぐる動向

　麻疹ウイルスには 24 の異なる遺伝子型があります．世界中で使用されているワクチン株はゲノタイプ A に属し抗原性の変異が危惧されますが，流行野生株との間には大きな抗原性の変異はないことから，ワクチンの有効性は変わりありません．麻しんワクチンの普及に伴い麻疹の流行規模が小さくなりブースター効果を受ける機会が少なくなることで，ワクチン接種により獲得した免疫が 4〜5 年経つと減衰し，中和抗体陰性者が 10％となり，さらに 20 歳台では 20％近くが中和抗体陰性となります．近隣の中国，東南アジアでは麻疹はコントロールされておらず，麻しん・風しんワクチン I，II の高い接種率を維持することが必要になります．

　WHO はその後，2020 年を目標に麻疹排除を目指していました．2018 年の時点で 13 万人が麻疹に関連し亡くなっており，計算すると毎日世界中で 380 人が亡くなっていることになります．麻しんワクチンの有効性は明白ですが，根拠のない流言からワクチン接種を躊躇する保護者が増えて 2019 年には世界中で麻疹の流行がありました．次節の風疹との混合ワクチンと連動することで 2020 年に麻疹・風疹の排除を目指していましたが，2019 年末に新型コロナウイルス感染症の流行が中国から世界に拡大し他のウイルス感染症が激減しています．新型コロナウイルスが沈静化された後の麻疹の流行が心配です．

■3.3.11　麻しんワクチンの副反応

　麻しん単味ワクチンの副反応と自然感染の合併症を比較して示しました（**表 3.4**）．麻疹にかかると 1,000 人に 1 人が脳炎を合併します．麻しんワクチン接種群では 440 万人のうち 2 例の脳炎，脳症例が報告されていますが，1 例は麻しんワクチン接種後 2〜3 時間で意識障害が進行し，亡くなっています．麻しんワクチンウイルスは身体の中で増えるのに 5〜7 日かかります．2〜3 時間でワクチンウイルスが増えて脳に達することは考えられません．脳炎の症例，血小板減少症の一部の症例から野生株の遺伝子が検出された例があり，こうした副反応報告例が必ずしもワクチン接種と関連するとは限りません．

表 3.4　麻疹の合併症とワクチン接種後の副反応例

合併症	自然感染	ワクチン接種後
発熱	ほぼ100%	10 ～ 20%（5 ～ 7 日後）
発疹	ほぼ100%	5 ～ 10%（7 ～ 10 日後）
脳炎	1/1,000 ～ 1/2,000	2[*1]
SSPE	8.5/100万	－
ADEM	不明	1
その他	中耳炎7 ～ 9%，肺炎1 ～ 6%，失明（頻度は不明）	血小板減少症5例[*2]，VAHS 2例，急性片麻痺（もやもや病）1例，TSS 1例

ワクチン出庫数は440万（1994年～ 2008年）．SSPE; 亜急性硬化性全脳炎（subacute sclerosing panencephalitis），ADEM; 急性散在性脳脊髄炎（acute disseminated encephalomyelitis），VAHS; ウイルス関連血球貪食症候群（virus-associated hemophagocytic syndrome），TSS; 毒素性ショック症候群（toxic shock syndrome）．
＊1：教科書的には0.3/100万程度．1例はワクチン接種後2 ～ 3時間で発症，他の1例は接種後9日で野生株の遺伝子が検出された．
＊2：5例中2例に遺伝子検索を行ったところ，野生株麻疹ウイルスが検出された．
（北里第一三共ワクチン市販後調査より）

3.4　先天性風疹症候群と風しんワクチン

風疹は先進国で日本だけ？

■3.4.1　風疹の症状とワクチン開発の歴史

　風疹（英語の rubella はラテン語で「小さな赤い疹」に由来しています）は軽症に経過するウイルス感染症で，38℃前後の発熱が2～3日続き，発熱と同時に細かな発疹が出現して全身に広がります（**図 3.13**）．麻疹と違って発疹は融合することなく色素沈着も残さずに軽快します．風疹は，18世紀半ば頃にドイツ人医師により他の発疹性疾患と鑑別され，「ドイツはしか（German measles）」と名付けられて今でもドイツではこう呼ばれています．

　風疹は，平均約2週間の潜伏期間で，症状が麻疹よりも軽いことから「三日はしか」とも呼ばれてきました．ところが，1941 年オーストラリアの眼科医師グレッグが白内障の出生児が異常に多いことに気付き，その母親らの多くが1940年の風疹の流行期に妊娠していたことから先天性風疹症候群（congenital rubella syndrome: CRS）の存在が報告されました．前年の1940 年オーストラリア軍に風疹の流行があり，任務が終わり家庭に帰還した者から妊娠初期の妊婦に感染したものでした．その後，風疹と先天性白内障，心疾患，難聴との関連性が疫学的

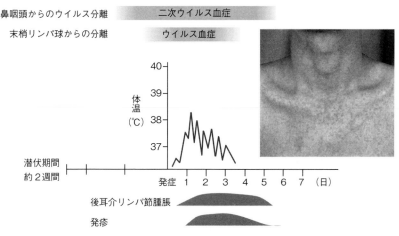

図3.13　風疹の臨床症状（著者作成）（☞巻頭カラー口絵3参照）

に証明されました.

　1962～1963年, ヨーロッパから風疹のパンデミックが始まり, 米国には1964～1965年に伝播しました. さらに沖縄に持ち込まれ, CRSの出生, 流産の増加から日本においても風疹予防ワクチンの重要性が確認されました.

　風疹ウイルスは1962年に分離され, ウイルスの外側にある赤血球凝集素（hemagglutinin: HA）蛋白が感染する時に働くことがわかりました. 免疫グロブリンの投与により風疹の症状の発症は抑えられますが, 感染を抑えることはできずCRSの予防はできないことがわかりました. CRSの発症を予防するために風しんワクチンが開発されました.

　1965年から1967年にかけて数種類のワクチンが開発されましたが, 現在では抗体産生能に優れ副反応の少ないRA27/3株が世界中で使用されています. RA27/3株はウサギ腎細胞で継代することで開発され低温で増殖し, 35℃以上の高温では増殖しない性質を持つためヒトの体温では増えにくいことから安全です. ウサギは37℃以上では代謝機能が落ちることから, 高温では増えないウイルスが選択されたと考えられます.

■3.4.2　風疹の予防接種政策の変化と流行状況

　日本における予防接種政策の変遷と流行状況を図3.14に示します. CRS児の

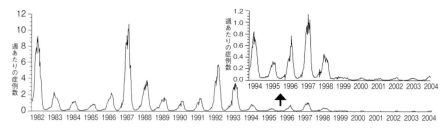

図3.14　国内の風疹の流行状況とワクチン政策の変化（国立感染症疫学センターによる）
1977年から中学生女児への接種が義務付けられたが，1995年に男子も含めた低年齢接種に移行した．右上のグラフは1994年以降の報告例数をわかりやすく表示している（症例数の目盛りが1/10になっている）．

出生を予防するために，妊娠可能年齢に達する前の中学2年生女児を対象に風しんワクチンの定期接種が1977年から始まりました．

　風疹は3〜5年ごとに流行し，そのたびにCRS児の出生は続いていました．一方，米国では，風疹自体をコントロールするために，麻しん・風しん・ムンプス三種混合生ワクチン（measles, mumps, rubella: MMR）が古くから接種されてきました．我が国でも1989年から12〜72カ月児を対象にMMRの接種が始まりましたが，ムンプスワクチン接種後の無菌性髄膜炎の発症頻度が予想以上に高かったことから1993年には中止となりました．

　1994年の予防接種法の改正に伴い，1995年から麻しんワクチンと風しんワクチンは各単味ワクチンとして男女を対象に勧奨接種が定められました．これは，社会全体の流行を抑え込むためです．この移行に伴う措置として当時12〜16歳の男女にワクチン接種を行うことになりましたが，接種率は40%前後と低く，風疹に対する免疫の谷間の世代ができてCRSの発症が危惧されていました．

　2004年に風疹が流行した際には接種率は70%を超えており小児の流行はなく，ワクチンを受けていない世代の成人が発症し，10例のCRSが報告されました．これを期にワクチン接種の強化が望まれ2006年から麻しん・風しん二種混合ワクチン（MR）の2回接種が始まり，麻疹排除と連動して風疹のコントロールも期待されました（**図3.15**）．

　2012年から風疹の流行が始まり，2013年には1万4,000例の風疹患者が報告され，その70%がワクチン接種歴のない男性でした．職場で感染して家庭内に持ち込み，ワクチン接種歴のない女性や免疫能の低下した妊娠初期の妊婦に感染し，45例のCRS児が出生しました．成人男性へのワクチン接種を奨めたものの

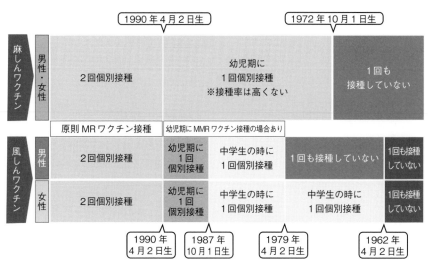

図3.15 麻しんワクチンと風しんワクチンの接種時期および接種回数
（国立感染症研究所 感染症疫学センターによる）

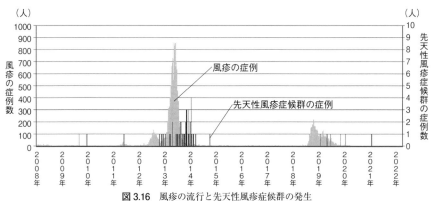

図3.16 風疹の流行と先天性風疹症候群の発生
灰色が風疹の症例数，黒い棒がCRSの症例数．（国立感染症研究所 感染症疫学センターの
資料より https://www.niid.go.jp/niid/images/epi/rubella/2022/rubella220330.pdf）

経済的な支援を取り付けなかったため接種は進まず，風疹の再流行が懸念されま
した．その懸念は現実のものとなり，2018〜2019年に成人男性を中心に流行が
起こり，5例のCRS児が出生しています（**図3.16**）．2022年現在で30〜50歳
台には抗体陰性者が20％存在し，この抗体の谷間が風疹の流行に関わっていま
す．抗体検査を受けて陰性者にはワクチン接種が無料でできるようになっていま
すが，受診率が低く，さらなる向上を目指す必要があります．

表 3.5　風疹の合併症とワクチン接種後の副反応

合併症	自然感染	ワクチン接種後
脳炎，神経症状	1/4,000 〜 5,000	1例*
血小板減少性紫斑病	1/3,000	5例
関節炎	成人で5 〜 30%	自然感染の1/5以下
先天性風疹症候群		報告例なし
その他		ギラン・バレー症候群1例，ADEM 2例，アレルギー性紫斑病1例

ワクチン出庫数は464万（1994年〜2008年）．ADEM; 急性散在性脳脊髄炎（acute disseminated encephalomyelitis）．
＊：髄液から風疹ウイルスワクチン株の遺伝子が検出された．
（北里第一三共ワクチン市販後調査より）

■ **3.4.3　自然感染の合併症とワクチンの副反応**

　風疹の合併症として，脳炎は1/4,000〜5,000，血小板減少性紫斑病が1/3,000の頻度で発症します．風疹には重篤な合併症は少なく，また脳炎を合併しても重篤な後遺症を残す症例は少ないようです．

　自然感染の合併症はワクチンを受けないことによるリスクとなります．合併症の頻度とワクチン接種後の副反応との比較を**表3.5**に示しました．風しんワクチンを接種する時には妊娠していないことを確認し，また接種後は少なくとも2カ月は避妊するように指導しますが，接種後に妊娠していたことが判明する場合があります．ワクチンウイルスが胎盤から分離され胎児には感染していることは確かなようですが，ワクチン株でCRSの症状を認める児の出生の報告例はありません．

■ **3.4.4　世界の状況**

　風しんワクチンはWHOとUNICEFによる予防接種拡大計画（Expanded Program on Immunization: EPI）には含まれていませんでしたが，麻疹がある程度コントロールされてくると発疹を伴う有熱疾患のなかに風疹が紛れ込んでいることがわかってきました．また，ウイルス学的診断の普及により，CRSの新生児が東南アジア，アフリカで年間10万人以上生まれていることがわかりました．麻疹の死亡例も年間10数万人が報告されていることから，麻しんワクチンの接種拡大と同時に風しんワクチン，麻しん・風しん混合ワクチンを導入することが有効です．風しんワクチンを同時に導入することはコスト面で大きな負担を

強いることではなく，現在，麻疹・風疹の排除を目指しています.

3.5　ムンプスワクチン

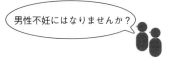

男性不妊にはなりませんか？

　ムンプス（おたふくかぜ）はムンプスウイルスの感染によって起こります. 耳下腺という唾液腺（唾液を出す組織が耳，顎，舌の下にあります）にウイルスが感染して腫れる病気で，正式名を流行性耳下腺炎といいます. 耳下腺が腫れた様子が"お多福"にそっくりということで一般に「おたふくかぜ」と呼ばれてきました. 英語ではムンプス（mumps）といい，英語の古語でmumble（口をすぼめてぼそぼそ言うという意味の動詞）に由来するようです. ここでは主に「ムンプス」を使うことにします.

　ムンプスの記載はヒポクラテスの時代にまでさかのぼることができます. 片側もしくは両側の耳たぶの下の腫脹と睾丸の腫脹を起こすと記述されていたようです. その後，18世紀には髄液にウイルスが侵襲して頭痛と嘔吐を認める無菌性髄膜炎を起こすことや，小児だけでなく思春期〜成人男性では睾丸炎（正しくは精巣炎といいます）を合併することがわかりました. 特に，第一次世界大戦では米国の軍隊で流行が起こり，睾丸炎による歩行困難で軍事訓練に支障をきたすことがありました. ムンプスワクチン開発はこうした軍隊の機能を維持するために始まったといわれています.

■3.5.1　ムンプスは男性不妊の原因になるのか？

　ムンプスウイルスは飛沫・接触により感染します. 最も罹りやすい年齢は5歳くらいで，37.5℃以上の発熱は80％近くに認められ，発熱は平均で2〜3日間続き，嘔吐は約1/5に認められます. ムンプスウイルスは一次ウイルス血症を起こし所属リンパ節で増殖し二次ウイルス血症により全身の臓器に播種されます. 耳下腺炎や無菌性髄膜炎もこうした全身性ウイルス感染症の症状として表れるものです. 潜伏期間は2〜3週間で平均は15〜16日，発症の4〜5日前から発症後5〜7日はウイルスが分離され感染源となります.

　唾液腺の腫れにより，食べ物などを飲み込む時にも痛くて食欲が落ちてきます. ムンプスウイルスによる耳下腺炎は通常2〜3日以上続きます. 臨床的にムンプスと診断された症例1,353例のうちウイルス分離を行うと872例（64.4％）から

表3.6　ムンプスの臨床像

平均年齢	4.90歳
発熱	37.5～＜38.5℃　292例（27％） 38.5～＜39.5℃　404例（38％） ≧39.5℃　136例（13％） 計　832例（77％）
有熱期間	2.38日
嘔吐	180例（16.7％）（2.01回）
耳下腺腫脹	1,051例（98％）
頭痛	245例（23％）
けいれん	8例（0.7％）
無菌性髄膜炎	13例（1.2％）
難聴	1例
再感染	3例

臨床的にムンプスが疑われた症例1,353例，ウイルス分離陽性872例（64.4％），RT-PCR陽性1,085例（80.2％）のうち，追跡できた1,075例についてまとめた.

(Nagai T, *et al.*: A comparative study of the incidence of aseptic meningitis in symptomatic natural mumps patients and monovalent mumps vaccine recipients in Japan. *Vaccine*. 2007;25(14):2742-2747 より)

ムンプスウイルスが分離され，ウイルス分離陽性もしくはPCR陽性者は1,085例（80.2％）でウイルス学的にムンプスウイルスの感染が証明されました．その中で臨床経過の情報が得られた1,075例の臨床像，合併症を調べた結果を表3.6に示します．

　教科書的には髄液細胞増多はムンプスの50～60％に認められ，頭痛などの症状を有する例は23％前後で，入院を必要とする無菌性髄膜炎は1.2％に認められました．脳炎は5,000例に1例の頻度と考えられています．

　思春期以降の男性では20～25％の頻度で精巣炎を合併し，睾丸が腫れて痛くなるところから「男性不妊の原因になる」と昔から信じられていました．しかしながら，ムンプスウイルスの影響があるとしても一過性で，精子は次々と新しくつくられており不妊の原因となることはありません．思春期以降の女性では数％前後に卵巣炎を合併します．

■3.5.2　ムンプスの合併症

　重大な合併症のひとつとして難聴が挙げられます．これは，ウイルスの直接的

な侵入によるものと考えられます．昔の教科書にはムンプス罹患後に発症する難聴は約1万5,000例に1例と記載されていましたが，臨床経験からもムンプス難聴は決して少ないものではなく，表3.6の研究でも約1,000例に1例の頻度で認められています．その後の臨床研究でも，難聴はムンプス患児の1,000例に1例の頻度で認められ，特に片側性の難聴は気付きにくいので注意が必要です．

■3.5.3　ムンプスは何回も罹る病気なのか

　麻疹，風疹，ムンプス，水痘（みずぼうそう）は，一度罹ると二度と罹らないといわれています．しかし，ムンプスに一度罹っていても再び罹患する症例や，ムンプスワクチンの接種を受けていても臨床的にムンプスを疑わせる症例もよく経験します．ムンプス以外にも，パラインフルエンザウイルス，エンテロウイルスの感染でも急性耳下腺炎を起こし，また，細菌感染による化膿性耳下腺炎，耳下腺にできた結石などで唾液腺が詰まると，同じような症状を起こします．ウイルス学的に診断されたムンプス1,075例中に再感染が3例あり，再感染例は決して稀ではないことがわかってきました．

■3.5.4　ムンプスワクチンの開発

　麻疹ウイルスを分離したエンダースらが1945年にムンプスウイルスの分離に成功し，ワクチン開発が始まりました．米国国立感染症研究所のカール・ハーベルは，ウイルスを孵化鶏卵で培養し紫外線で不活化したワクチンを1,344人に接種しましたが発症予防効果は高くありませんでした．一方，エンダースたちはムンプスウイルスを感染させたカニクイザルの耳下腺の乳剤をホルマリン不活化したワクチンを41人に接種し，ムンプスウイルスを感染させると半数に免疫効果を認めました．その後，ヒトに広く接種されましたがワクチンの効果は低く，現在は使用されていません．

　生ワクチンは1963年に米国の有名なウイルス学者ヒルマンの娘からウイルスを分離して，孵化鶏卵，ニワトリ胎児胚細胞で継代することでジェリル・リン株が開発されました．このワクチンは1965年に米国の心身障害児の学校で200人に接種されました．数カ月後にムンプスが流行した際ワクチン群で2例，同数のコントロール群では61例が発症し，有効性が示されたため，1967年に米国で承認されました．しかし，小児では合併症もなく「おたふくかぜはほっぺをふくら

ませたリスのようなもの」としてワクチンの必要性は低いと考えられ，広く普及することはありませんでした．このジェリル・リン株は，麻しん・風しん・ムンプス三種混合ワクチン（MMR）として先進国では小児に2回接種が勧奨されています．

■3.5.5　ムンプスワクチンの有効性と効果の持続期間

ワクチン接種6～8週後の血清のEIA抗体を測定すると95％以上の抗体陽転率ですが，中和抗体の陽性率は70～80％と低いことが報告されています．ワクチンで獲得した免疫能は麻疹と同じように長年経過するうちに減衰し，1回接種後の有効率は88％，1回接種後10年経過すると66％と低下してくることがわかっています．

我が国では1960～1980年頃に流行したムンプスから分離されたウイルスから，占部株，鳥居株，星野株，宮原株，NK-M46株の5株が1980年から1990年にかけて開発されました．現在は鳥居株と星野株の2株が使用されています．星野株接種後の市販後調査に報告された重篤な副反応例を自然感染後の合併症の頻度と比較して表3.7に示しました．

1994年から2017年まで750万人分が接種され，無菌性髄膜炎は292例が報告され，そのうちの119例の検査を行ったところ88例からムンプスウイルス遺伝子が検出されました．そのうちワクチン株が79例，野生株は9例で，一部野生株の紛れ込みがみられます．また，精巣炎が17例報告され，咽頭拭い液を採取した4例中3例がPCR陽性で2例から野生株の遺伝子が検出されています．耳下腺腫脹は2～3％に認められ，耳下腺腫脹を示した131例中100例から遺伝子が検出され，71例がワクチン株，29例が野生株と判定されています．脳炎，急性散在性脳脊髄炎（acute disseminated encephalomyelitis: ADEM）例からはエンテロウイルスが検出されている例もあり，ワクチン接種後の副反応が全てワクチン接種による副反応というものではありません．特に，ムンプスの流行時には自然感染の潜伏期にワクチン接種が重なり，このように野生株の遺伝子が見つかる例が増えてきます．

ムンプスワクチンは弱毒化されてはいますが，日本では無菌性髄膜炎の頻度が定期接種への障壁となっています．ワクチン接種者と自然感染例の頻度を比較すると21,465例のワクチン接種者のうち10例に無菌性髄膜炎を認め，8例は遺伝

表 3.7　ムンプスワクチン星野株接種後の出現頻度

合併症	自然感染	ワクチン接種後（750万接種）
急性耳下腺炎	70%	2 〜 3%*1
中枢神経合併症	脳炎，脳症 1/5,000 〜 6,000　入院を伴う無菌性髄膜炎 1 〜 2%	脳炎，脳症 14例（うち1例はエンテロウイルスによる）入院を伴う無菌性髄膜炎 292例*2　ADEM 4例（うち1例はエンテロウイルスによる）
難聴	1/15,000（1/1,000）*3	6例（うち1例は野生株の可能性）
精巣炎	25%	17*4
卵巣炎	5%	不明
膵炎	4%	2例
その他		ITP 16例（同時接種），アレルギー性紫斑病1例，自己免疫性溶血性貧血1例

ワクチン出庫数は750万（1994 〜 2017年）．ADEM; 急性散在性脳脊髄炎（acute disseminated encephalomyelitis），ITP; 特発性血小板減少性紫斑病（idiopathic thrombocytopenic purpura）
＊1：ワクチン接種後の耳下腺炎症例のうち131例からNPS（咽頭拭い液）を採取し，100検体がPCR陽性，そのうち71検体がワクチン株，29検体が野生株．
＊2：無菌性髄膜炎の髄液119検体中88検体がPCR陽性，そのうち79検体がワクチン株，9検体は野生株．
＊3：難聴の検査方法が進歩し，以前は約15,000例に1例程度と考えられていたが，診断率が増加し約1,000例に1例となる．
＊4：精巣炎の患児のうち4例からNPSを検査し，3検体がPCR陽性，そのうち1例がワクチン株，2例が野生株．

子解析でワクチン株と診断されています．一方，自然感染では 1,051 例中 13 例（1.24％）が無菌性髄膜炎で入院していることから，ワクチン接種後の副反応は自然感染の頻度の 1/25 と考えられます．特に 3 歳未満では不顕性感染が多くワクチン接種後の無菌性髄膜炎の頻度も低いことが報告されています．

■3.5.6　MMR ワクチンのスキャンダル

　我が国においては 1972 年にムンプスワクチン研究会が発足し，各社がムンプスワクチンを開発し 1980 年代から 1990 年代にかけて任意接種のワクチンとして認可されましたが接種率が低く，ムンプスの流行に影響を与えることはありませんでした．麻しん・風しん・ムンプスのコントロールを目指して，三種混合生ワクチン（MMR）が定期接種のワクチンとして 1989 年 4 月から使用できるようになりました．麻疹 AIK-C（北里研究所），風疹 TO-336（武田），ムンプス占部株（阪大微研）をそれぞれ用いた統一株が使用されましたが，無菌性髄膜炎が

約 600 接種機会に 1 例とそれまでに使用されてきた単味占部株よりも高頻度で発生しました．厚生省（当時）は注意喚起と調査に乗り出し，1991 年 6 月からは統一株の代わりに各社の独自株 MMR ワクチンも選べるようになりました．しかし，鳥居株（武田薬品工業），星野株（北里研究所）も 1,200〜1,800 接種に 1 例と無菌性髄膜炎の頻度が高い頻度で報告され，1993 年 4 月に MMR の接種は中止となりました．おかしなことに，占部株（阪大微研）を用いた阪大微研の独自株（MMR）では約 1 万 8,000 例に 1 例と，同じ占部株を用いているはずの統一株 MMR と比べると異常に低い発症頻度でした．厚生省が調査を進めると，同社が統一株に用いた占部株は種ウイルスを無許可に変更していたことが明らかとなり，薬事法違反により占部株は製造中止となりました．この事件は以降のワクチンに対する不信感の根源となり，暗い影を落としてきました．

■3.5.7　ムンプスの流行状況

ムンプスは 1982〜1983 年，1985〜1986 年，1988〜1989 年と 3〜5 年ごとに全国的な流行を繰り返してきました．MMR ワクチンが使用されていた 1990〜1993 年では報告患者数が減少していましたが，1994 年以降，2001，2006，2010，2016 年には大きな流行が認められています（図 3.17）．

ムンプスワクチンの製造量から推定される接種率は MMR 中止以降では 30％以下であり，2001 年の流行では全国から 25 万 4,711 例が報告され，実際の罹患者数は 226 万人（215〜236 万人）と推定され，流行の小さな年でも 100 万人が罹患していると推定されています．最近では都市部では接種率も 2020 年頃には 60％前後となっています．

図 3.17　ムンプスの流行
（国立感染症研究所 感染症疫学センター 感染症発生動向調査：2016 年 9 月 7 日現在報告数より）

　欧米では MMR 接種が実施されており，英国では 1995 年には 2 歳児の 92% が MMR の接種を受けていました．しかし，MMR と自閉症の関連性を疑わせる科学的に根拠のない論文が発表されて接種率が低下し，2005 年では 2 歳までの接種率は 82%，5 歳までに 2 回接種を終了した割合は 75% と低下し，ムンプスの散発流行が 2003 年頃から報告されました．2004 年になると 1 万 6,367 例が報告され，その 60% がウイルス学的に確定診断された症例で，さらにその約 1/3 は MMR 接種を受けていることがわかりました．2005 年にはさらに増加し 5 万 6,390 例が報告され，19〜23 歳の大学生を中心に流行したため，大学の新入生に対して 2 回接種を受けるように勧告されています．カナダ，米国でも同様に 18〜24 歳の大学生を中心とする流行がみられ，再興感染症として流行時には 3 回接種も検討されています．日本に限らず，世界的な流行の原因として流行株とワクチン株との抗原性のズレと，ワクチン免疫の減衰が挙げられています．

■3.5.8　MMR ワクチンの再開見通し

　ムンプス罹患後の難聴が約 1,000 例に 1 例の頻度で出現し，日本耳鼻咽喉科学会（現 日本耳鼻咽喉科頭頸部外科学会）の調査でも 2015 〜 2016 年の調査で 348 例の難聴が認められ，両側性の難聴例，家族内感染に伴う難聴が認められ，ムンプスワクチンの定期接種化が望まれています．

　先進国のなかで MMR が使用されていない国は日本だけですが，MMR 接種が中止になった時に「安全性の高いワクチンでなければ MMR の復活はない」というのが厚生省（当時）の基本的な考え方でした．ムンプスワクチンは継代数が増えると弱毒化されて副反応の頻度は低下しますが，免疫原性も減弱するため，新規の弱毒ムンプスワクチンは従来のニワトリ胎児胚細胞で継代する方法により樹立することは困難と考えられます．新規ワクチンの開発には時間がかかるため外国産ワクチンの導入が検討されました．JL 株（ジェリル・リン株）を含むメルク社の MMR を輸入するための臨床試験は終了していますが，審査は進んでいません．ムンプスウイルスに限らず，生ワクチンには何種類かのウイルスが混在しています．JL 株のなかから優勢を占めるウイルスを選択した RIT4385 株も外国では使用されています．この株と我が国で開発された MR ワクチンを混合した MMR ワクチンは phase Ⅲ（p.197 参照）臨床試験が終了して申請段階にあるようです．

3.6　水痘ワクチン

2回ワクチン接種しても罹りましたが…

■3.6.1　水痘と帯状疱疹

　水痘は「みずぼうそう」とも呼ばれる病気で，水痘ウイルスの感染で起こります．潜伏期間は平均2週間で最初は赤い発疹が出て盛り上がり，水がたまってきます．その後，膿をもったようになりかさぶたができて治っていきます．

　髪の毛の生えている頭皮にも水疱ができ，発赤，痂皮（かさぶた）などさまざまな段階の発疹が混在します．水疱の中にはたくさんのウイルスが存在し，水疱が衣服で擦れたりすると飛び散ってエアロゾル化して空気中を漂います．また，水痘の患児の気道からの分泌物は空気中の小さな粒子として漂い空気感染（飛沫核感染）します．気道粘膜，眼球結膜に感染し，局所リンパ節で増殖して全身にウイルスが播種されていきます．水疱の出現した部位の知覚神経の末端から脊髄の知覚神経節の脊髄後根神経節に長く潜伏感染します．こうして潜伏感染することが帯状疱疹の原因となります．帯状疱疹は，高齢者や抗がん剤治療中のがん患者などの免疫力が低下した人の体内で，子どもの頃に罹った水痘ウイルスが活性化され増殖し，皮膚の神経支配領域に沿って痛みを伴う水疱疹が出現し，多くの場合は帯状に出現します．

■3.6.2　水痘の合併症

　最も頻度が高い水痘の合併症は，水疱の発疹部へ黄色ブドウ球菌，溶連菌といった細菌が感染することです．中枢神経系の合併症としては，髄膜脳炎，特に小脳失調症が4,000〜5,000例に1例の割合でみられます．また，成人で罹患すると肺炎を合併し重症例が多いことが知られています．通常1週間以内に治りますが，問題になるのは，新生児，妊婦，白血病やがんで抗がん剤を使用している免疫抑制状態の患者などで，重症化し致死的な経過をとります．

■3.6.3　水痘ワクチンの開発

　1915年頃からジェンナー法にならって水疱液を皮膚に擦り付けて接種する試みが行われていました．しかし，発症することはなく有効性は確認できませんでした．

　1943 年頃から帯状疱疹は小児期に感染した水痘ウイルスの持続感染ではないかと考えられるようになってきました．このことが証明されたのは 1952 年になってからのことです．水痘の水疱液からウイルスが分離され，帯状疱疹から分離されたウイルスと形態学的にも血清学的にも同一のものであることがわかりました．

　水痘ワクチンは世界中で開発研究が進められながらも有効なワクチンはなかなか開発できませんでしたが，大阪大学微生物病研究所の高橋理明により 1974 年に岡株（軽い水痘だったようです）が樹立され，世界中で使用されています．悪性腫瘍など基礎疾患を持つ子どもたちが水痘にかかり重症化する例が多かったため，こうした子どもたちが調子の良い時に免疫を与えることを目的に開発され，1987 年に認可されました．その後，健康小児でも任意接種となりました．しかし，ワクチン接種後でも水痘に罹患する例が多く，接種率はムンプスと同様に 30〜40％で毎年 20 数万人が報告され，200 万人前後が罹患していると推定されていました．

　日本で開発された水痘ワクチンはいち早く米国で注目されて定期接種に組み込まれ，MMR に水痘ワクチンを加えた MMRV の四種混合生ワクチンの 2 回接種を推奨しています．しかしながら，その原因ははっきりしていませんが，MMRV ワクチン接種で熱性けいれんの出現頻度が増加し，2 歳以下の乳幼児では接種に際して注意が必要とされています．

　日本では 2014 年になって水痘ワクチンが定期接種に組み込まれました．1 回接種のみだとその後水痘の流行で感染して発症する例が 20〜30％存在します．2 回接種することで発症の頻度はかなり低くなることから，3 カ月以上あけて 2 回接種することが勧められています．その後，水痘発症は激減（**図 3.18**），発症例は 2014 年以前に生まれて水痘ワクチンの接種を受けていない人，もしくは 1 回しか受けていない学童となっています．水痘ワクチンの接種後の副反応はほとんどなく，安全に接種が可能です．

■3.6.4　帯状疱疹とワクチン

　前述の通り，水痘ウイルスは脊髄の神経系細胞に潜伏し帯状疱疹を起こします．帯状疱疹は水疱疹が出現する前からピリピリとした痛みを感じる前駆症状が出現し，水疱疹の出現時から痛みが強くなり日常生活に支障をきたします．眼瞼部の水痘では，三叉神経に潜伏感染すると角結膜炎を起こし，失明の危険性もありま

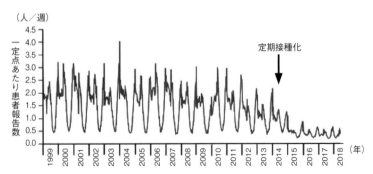

図 3.18　「水痘」患者報告数の推移（1999 年第 1 週〜2018 年第 23 週）
（国立感染症研究所 感染症疫学センター 感染症発生動向調査・小児科定点：2018 年 6 月
18 日現在報告数より）

す．また，顔面神経膝神経節に潜伏感染することもあります．治療薬である抗ヘルペス薬は発症早期の 3 日以内に使用する必要があり，発症 5 日以降の投薬では効果がありません．

　水痘ワクチンは帯状疱疹の予防にも使用することができます．帯状疱疹に対する予防効果は 60％前後です．帯状疱疹はがんや血液の疾患で免疫抑制薬を使用している患者で多く発症しますが，水痘ワクチンは生ワクチンであるため，こうした患者には使用できません．そこで，水痘ウイルスの表面抗原を精製した不活化ワクチン（シングリックス®）も認可されました．予防効果は 90％以上と高いものの，副反応として局所反応が強いようです．

3.7　ロタウイルスワクチン

飲むワクチンと聞きましたが？

■3.7.1　ロタウイルスとは

　乳幼児にとって，細菌，ウイルスによる感染性胃腸炎は先進国でも新興国でも重要な疾患です．下痢を起こす病原体の半数近くはウイルスで，そのうち 30〜50％がロタウイルスで，ほかにノロウイルス，アデノウイルスなどがありますが，先進国ではその疾病負荷は低いものです．世界中でほぼ全ての小児はロタウイルスに感染し，ワクチンが導入される前では，5 歳以下の乳幼児で毎年 1 億人以上がロタウイルスによる胃腸炎になり，240 万人が入院し 60 万人が死亡していました．我が国でも毎年 120 万人が感染し 3 万人が入院し，10 数人が死亡していると考えられていました．ロタウイルスは小腸で増殖し十二指腸ファーター乳頭

部に炎症を起こし，ビリルビンを含む胆汁が流れなくなるため便が白色となることから，冬期の白色便性下痢症として知られていました．小児期に感染を繰り返すことで年長児では軽症化します．ロタウイルスは腸管で増殖して嘔吐，下痢の症状を起こし重症の場合には脱水症となり入院が必要となります．多くは軽く経過しますが，なかには重篤な合併症として急性脳症に発展することがあり，注意する必要があります．ウイルスが中枢神経系に侵入することはなく，ウイルス感染症に伴うサイトカインの過剰産生に伴う血管内皮障害がその原因と考えられています．

　最近，ウイルス性胃腸炎に伴う無熱性けいれんという病気がわかってきました．生後3カ月から5歳ぐらいまで下痢に伴うけいれん発作が出現します．電解質異常などの臨床検査にも特に異常はなく，ナトリウムイオンチャネルの異常と考えられていますが，まだその原因は不明です．再発することもなく，てんかんに移行することのない予後が良好な疾患です．乳幼児の下痢症を起こすロタウイルス，ノロウイルス感染症に合併することもあります．

　ロタウイルスが分離されたのは1973年で，その特徴的な車軸様の形態から「ロタ」と命名されています（ラテン語でロタは「車輪」の意味です）．ヒト以外に，ウシ，ウマ，ブタなどの家畜にも感染するウイルスで，8種類のウイルスが存在し，ヒトへの感染を起こすのはA群が主体です．

■3.7.2　ロタウイルスワクチン開発の歴史

　1980年代からロタウイルスのワクチン開発が始まりました．ジェンナー法にならい，ヒト以外の動物の下痢症を起こすアカゲザルやウシのロタウイルスを用いたワクチンが開発されました．最初に臨床試験が行われたのはウシのロタウイルスを用いたワクチンで，フィンランドでは80%の感染防御能を示しましたが開発途上国では有効性が見出せませんでした．次いで，同じくウシの別のウイルスを用いたワクチンは製造承認を得て安全性は確認されたものの有効性は認められなかったことから，単味のワクチン開発は中止となりました．次に，下痢をしたアカゲザルの便から分離された株の臨床試験が行われましたが，一定の臨床効果を示すことはできませんでした．続いて，アカゲザルとヒトのウイルスから作製した4価ワクチン（ロタシールド（RotaShield®））の臨床試験では80%以上の有効性が示され，1998年に承認されました．しかしながら，市販されてから

翌 1999 年までに 60 万人に投与され，約 1 万人に 1 例の頻度で腸重積が報告されたことから，わずか 14 カ月で回収されました．

腸重積は腸管のリンパ節が腫れて腸管の蠕動運動が活性化され，

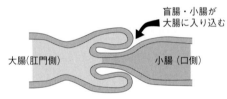

図 3.19　腸重積（GSK ウェブサイトの図をもとに作図）

腸の一部が入り込む緊急性の高い病気です．多くの場合は盲腸の部分が大腸に入り込んでいきます．入り込んだ部分の腸管は腸間膜にある腸間膜動脈が圧迫されて詰まり，入り込んだ腸管への血流が止まり壊死します（図 3.19）．症状は腸管に入り込む時に腹痛や血便が出てぐったりします．乳幼児におけるアデノウイルス感染症などでみられる病気で，我が国では 10 万人に 50〜80 例程度の頻度です．ワクチン投与後の腸重積の病態はいまだに解明されていません．

このロタシールドは腸重積の副反応で挫折しましたが，毎年世界中ではロタウイルス感染症で 60 万人が亡くなっており，特に開発途上国の乳児下痢症は大きな問題であるため，ロタウイルスワクチンの開発は継続されました．安全性の確立されたウシのロタウイルスとヒトのロタウイルスとの組換えにより作られた 5 価ワクチン（ロタテック®）の臨床試験が 1990 年代に行われました．1992 年から 70,301 例の臨床試験の結果，発熱，腸重積の副反応はコントロール群と同程度で，3 回投与により 74％の感染予防率，重症感染症の予防に関しては 98％の有効率を示しました．

もう 1 種類のロタウイルスワクチンが市販されています．無症候性感染の新生児から分離された株（89-12）は病原性が低いものと考えられ，この株をさらに弱毒化したワクチン（ロタリックス®）です．ラテンアメリカ，フィンランドにおいてこのワクチンの臨床試験が 63,000 例の規模で実施されました．発熱率は 19％で，2 回投与によりどの血清型の感染に対しても 89％の有効率を示しました．

ロタテック®とロタリックス®の比較を表 3.8 にまとめます．ヒト由来の 1 価のロタリックス®は腸管で増殖しやすいことから 2 回の投与で腸管での免疫能を誘導することができます．他の遺伝子型の流行株に対しても交差免疫を誘導する働きがあります．一方，5 価のロタテック®はウシロタウイルスがベースになっていることからワクチン接種後のウイルスの増殖は低い傾向があり，5 種類のウイルス株が入っているため 3 回投与が必要です．

表3.8 ロタウイルスワクチンの比較

	ロタテック® （Merk）	ロタリックス® （GSK）
親ウイルス株	ウシロタウイルス（WC3）と ヒトロタウイルスの組換え	ヒトロタウイルス
ワクチン株	5種類の組換え	1種類
ワクチン血清型	G1, G2, G3, G4, P[8]	G1, P[8]
接種回数	3回	2回
接種量	2mL	1.5mL
ワクチンウイルスの 排泄	9 ～ 21%	35 ～ 80%
重症ロタ下痢症に対 する有効性	98%（88.3 ～ 100%）	95.8%（89.6 ～ 98.7%）
入院に対する有効性	95.8%（90.5 ～ 98.2%）	96.0%（83.8 ～ 99.5%）
免疫	株特異的免疫誘導	交差免疫原性

　アジア，アフリカでは今までとは異なる株が出現しており，現行ワクチンでの交差免疫原性を確認する必要があります．無症候性の新生児から分離されたウイルスが新たなワクチン候補株として検討されています．

■ 3.7.3　ロタウイルスワクチンの効果

　ロタウイルスワクチンは，2020年10月から定期接種のワクチンになりました．ロタウイルスワクチンの効果は感染を抑えることではなく発症を軽減化することにあります．我が国ではロタリックス®が2011年，ロタテック®は2012年に導入されています．ワクチンが導入されて以降の多くの研究結果から2歳未満の重症下痢症による入院が減少しており，どちらのワクチンも同等に重症化を抑える効果があるといえます．入院を抑えるという効果が明確であるところから定期接種に組み込まれました．腸重積は1歳以下の乳幼児ではワクチン接種に関係なく10万あたり60例前後の頻度で発症しますが，ロタウイルスワクチン接種後の腸重積症は米国でも10万人あたり1.5～5.3例の増加と報告されています．我が国の調査でも初回接種で同程度の増加が認められます．

　ロタリックス®は生後6週から24週までに2回，ロタテック®は生後6週から32週までに3回接種となります．その後は，ロタウイルスワクチンに関係のない腸重積の頻度が増加することから，決められた期間内に接種するように決められています．

3.8　インフルエンザ桿菌（Hib）ワクチン

インフルエンザとは別物なのですか？

■3.8.1　インフルエンザ桿菌の発見

　19世紀末から多くの感染症の原因となる病原微生物の発見が相次ぎ，急性の熱性疾患で伝染性疾患と考えられたインフルエンザの病原体が探索されていました．1989年にパイファーによりインフルエンザに罹った肺炎の患者からインフルエンザ桿菌が分離され，インフルエンザの原因と考えられました．しかしながら，1918年のスペイン風邪大流行の際，健康小児の咽頭からもこの菌が分離され，正常の細菌叢を構成することがわかり，インフルエンザとの関連性は疑問視されはじめました．このインフルエンザ桿菌の増殖には血液由来の成分を必要とするところからヘモフィルス（Haemophilus は「血液が好き」という意味）と命名されました．

　その後，別の研究者によりインフルエンザウイルスが分離され，真のインフルエンザの原因が明らかとなったのは1933年のことです．しかし，インフルエンザ桿菌は正常細菌叢を構成する一方で，血液中に侵入して菌が増殖することにより重症の全身感染症を起こす敗血症，髄膜炎といった小児の発熱を伴う重症感染症の原因であることが明らかとなってきました．

■3.8.2　インフルエンザ桿菌の感染メカニズムと症状

　インフルエンザ桿菌は酸素の少ない条件で増殖しやすい非運動性のグラム陰性の菌で，多糖類成分による莢膜を持つタイプと莢膜を持たない無莢膜型が存在します．莢膜とは細菌の最も外側に存在して白血球などに攻撃されないように細菌を守っているものです．

　無莢膜型は感染すると白血球に攻撃され，敗血症，髄膜炎のような侵襲性の全身的な感染症を起こすことはなく，通常は気管支炎，副鼻腔炎，中耳炎等の局所感染症として軽症で終わります．莢膜型は菌体の表面がポリリボシルリビトールフォスフェート（PRP）という多糖体に覆われており，莢膜の血清型によりa〜f型の6種類があります．侵襲性感染症から分離される菌はb型が95％を占めており，インフルエンザ桿菌b型（通称Hib（ヒブ））として知られています．Hibは，飛沫，接触により鼻咽頭の粘膜上皮に感染し増殖します．多くは無症候性に

経過し, 気道粘膜に侵入し, 中耳炎, 副鼻腔炎, 気管支炎の原因となります.

　莢膜型は鼻咽頭粘膜に棲みついて白血球などの貪食能 (細菌を攻撃して細胞の中で消化する機能) から免れて血液の中に侵入し敗血症を起こし, 全身の臓器に播種され, 髄膜炎, 蜂窩織炎, 関節炎, 肺炎, 喉頭蓋炎, 骨髄炎, 心外膜炎などの全身感染症を起こすことがあります. 病初期は発熱のみを主訴に来院し早期診断は困難で, 急速に進行し意識障害やけいれんといった髄膜炎の症状が認められるようになります.

　無症候性の保菌状態から侵襲性感染症へ進展する原因として感染した菌数の問題だけでなく, 他のウイルス感染が引き金となり気道の粘膜上皮細胞の繊毛が破壊されることも関連しています. ウイルス感染は, 呼吸器上皮細胞と粘膜下組織の細胞間の細胞間隙の構造を破壊し, 粘膜下からリンパ組織や流血中に侵入すると考えられています. Hib は敗血症, 髄膜炎の主たる起因菌であることから, 1960 年から 1980 年までは抗菌薬の開発に主眼が置かれ, 早期診断と有効な抗菌薬があればコントロールが可能と考えられていました. しかし, 診断は困難で耐性菌も出現してきたことから 1980 年頃から米国ではワクチン開発に移行してきました.

■3.8.3　Hib 感染症の疫学

　ワクチン開発前の 1980 年代までは, 米国では毎年 2 万人近くが侵襲性 Hib 感染症に罹患し, その 85％を 5 歳以下の乳幼児が占めていました. 5 歳未満人口 10 万人に対する頻度でも 100 前後で, ヨーロッパでも 20〜40 人と高い罹患率でした. 人種により罹患率に差があり, オーストラリア原住民 (アボリジニ), アラスカのイヌイットではさらに高い罹患率を示していることが知られています. 我が国では 1994 年に細菌性髄膜炎の全国調査が行われた結果, Hib は 43％, 次いで肺炎球菌 14.6％と起因菌のうち半分の割合を占めていました. その後の罹患率調査でも 5 歳未満人口 10 万人あたり 8.6 〜 8.9 であったことから, 毎年約 500 人前後が発症していると予測されました.

■3.8.4　Hib ワクチン開発の歴史

　生後 6 カ月以前は移行抗体が存在し, 2〜5 歳にかけて Hib 感染を経験し, 加齢とともに感染を繰り返すことで 5 歳までには Hib の表面にある莢膜多糖体

PRP（polyribosyl-ribitol-phosphate）に対する抗体を獲得していると考えられました．しかし，PRP抗体は感染を防ぐことが報告されたものの，乳幼児では自然感染しても PRP抗体の産生レベルは低く有効な抗体レベルに達することは少ないことがわかりました．

　Hib 感染症の病原性を解析すると，PRP自体が貪食能から逃れるだけでなく，菌の付着にも関連していることが明らかになり，PRP抗体の存在によって重症化が防げると考えて1960年代から PRPを抗原としてワクチンが開発されました．PRPを精製したワクチンが1985年に認可されましたが，T細胞非依存性であるために2歳以下の乳幼児には有効な免疫応答を賦与することができませんでした．

　免疫原性を高めるために T細胞やマクロファージに認識される他の蛋白に PRPを結合させた結合型ワクチン（conjugate vaccine）が開発されました．現在世界中で広く利用され，我が国にも導入された Hibワクチンは破傷風トキソイドの一部と結合させたワクチン（PRP-tetanus toxoid conjugate vaccine: PRP-T）です．このワクチンは接種から3～5年たっても75%において有効な抗体レベルを維持しています．この PRP-T が出生児全員に接種されると決まったのち，1990年フィンランドから世界各地で予防接種プログラムに使用され重大な副反応はほとんどなく，30%に接種部位の局所反応を認めるのみで，発熱の頻度も 4.7～10%と報告されています．

■3.8.5　Hib ワクチンの接種スケジュール

　我が国では，細菌感染症は早期診断して抗菌薬で治療する考えが根強く残っており，細菌感染症をワクチンで予防する発想はほとんどありませんでした．また，ワクチンの副反応訴訟により，国は積極的なワクチン政策をとりませんでした．一方 Hibワクチンを導入した国では，導入後速やかに Hib感染症が激減し，重症侵襲性 Hib感染症もコントロールできたことが示されています．こうした情報から，ワクチン導入の必要性が小児科医から叫ばれ，疫学調査を行うと年間 500～800例の重症の Hib感染症が発生していることがわかり，臨床試験が行われ承認されました．2008年に導入され2010年から暫定的に勧奨接種のワクチンとなり，2013年からは定期接種のワクチンとなって現在は Hib の重症感染症はほとんど見ることはなくなりました（図3.20）．

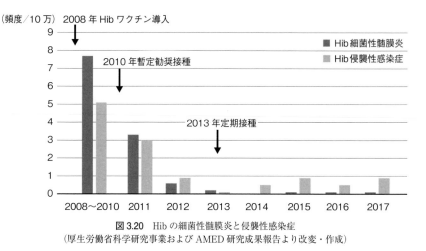

図3.20 Hibの細菌性髄膜炎と侵襲性感染症
（厚生労働省科学研究事業および AMED 研究成果報告より改変・作成）

　Hib 感染症は生後4カ月頃から感染症例が増えてくることから，4〜6カ月以前にワクチン接種をはじめることが必要とされます．生後2カ月を過ぎてから1カ月おきに3回接種し，1歳過ぎてから追加接種を行っています．欧米ではDPT, IPV, Hib の多価混合ワクチンが使用されており，現在我が国でも臨床試験が進んでいます．

■ 3.8.6 Hib ワクチンはなぜ必要なのか？

　近年，Hib のなかで耐性菌の占める割合が増加し，治療に苦慮することが多いようです．健康保菌者の頻度は報告によりまちまちで，保育所，幼稚園，家庭内とその条件によって10〜90％と大きく差があります．Hib 髄膜炎の発生した集団施設では高い保菌率であることが報告されています．ワクチン接種により誘導された高い IgG 抗体が浸み出してきて Hib の保菌を抑制し，保菌期間も短縮することによって保菌者の頻度が減少すると考えられます．

　Hib ワクチンは無莢膜型には効果は認められません．Hib ワクチン導入後の欧米では重症侵襲性 Hib 感染症はコントロールされています．

3.9 肺炎球菌感染症と PCV

あらゆる肺炎に効果がありますか？

　肺炎球菌は，成人，小児ともに肺炎の原因の第1位を占めています．上気道の

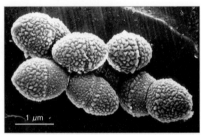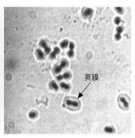

図 3.21　肺炎球菌の形態（元北里生命科学研究所 生方公子教授提供）
93 種類の莢膜多糖体（polysaccharide）が報告されている.

　常在菌叢として，乳幼児では 20～40％から，成人では 5％前後から肺炎球菌が検出され，これらの菌が直接に副鼻腔や鼓膜の中へ侵入することで，咽頭炎，副鼻腔炎，中耳炎の原因ともなっています．高齢者では，誤嚥により気管支炎，肺炎を起こすようになります．敗血症を起こし中枢神経系に侵入すると髄膜炎となり，また各組織には膿瘍を生じるようになります．小児では人口 10 万あたり年間 20例ぐらいが敗血症，髄膜炎を起こすと考えられています．小児の敗血症，細菌性髄膜炎の主要原因菌としては Hib に次いで肺炎球菌が 2 番目に多く，WHO の報告では世界中のすべての肺炎の死亡例は 1 年間に 200 万人となっています．

　肺炎球菌は 1881 年に分離されて肺炎の原因になっていることが解明されました．肺炎球菌は真ん中にくびれの入った球菌で，外側に Hib と同じように莢膜を持っています（**図 3.21**）．この莢膜の抗原性によって 100 種類近くの異なる血清型が存在します．2 種類の肺炎球菌ワクチンがあり，1 つは成人用の 23 価のワクチン（ニューモバックス®）です．もう 1 つは小児において最初に認可されたアルミニウムアジュバントを添加した 7 価のワクチン（プレベナー®（PCV7））から株を増やして，侵襲性の肺炎，重症感染症の原因となる抗原を含んだ 13 価のワクチン（プレベナー®（PCV13））です．外国では PCV15，PCV20 と多価ワクチンも使用されています．

■3.9.1　肺炎球菌ワクチン開発の歴史

　1881 年にはパスツールらによって菌が分離され，1880 年代には肺炎の原因であることがわかり，感染防御には抗体が有効に働いていることから，1911 年には全菌体ワクチンの臨床試験が南アフリカの金鉱労働者 5 万人に対して接種が始まりました．しかしながら，この時代には莢膜多糖類の血清型の概念もなく，

その多様性も知られていませんでした.

　1917年から1927年にかけてやっと莢膜血清型と型特異的抗体が感染防御に働くことがわかり,1945年から1946年にかけて4〜6価のワクチンが認可市販されました.しかし,この時代はペニシリンをはじめとした抗菌薬に注目が集まっており,こうしたワクチンは振り向きもされず製造販売が終了しています.抗菌薬が開発されても重症感染症による死亡例は防ぐことができず,1967年からは耐性菌の出現したためワクチンの必要性が認識され1977年には14価ワクチン,1983年には成人の肺炎の原因として多い莢膜血清型23種類の抗原を含んだ23価ワクチンが米国で認可されました.23価ワクチンでは肺炎の原因となっている肺炎球菌の莢膜血清型の80〜85%をカバーしています.高齢者では抗体産生を誘導できますが,小児に使用しても抗体の産生は誘導できません.

　小児用ワクチンは2000年に米国における小児の侵襲性感染症・肺炎の起因菌上位7種類を使って製造されました.この7価ワクチン(PCV7)を導入した国では,敗血症,髄膜炎の侵襲性肺炎球菌感染症が減少しています.我が国では2010年にPCV7が暫定的に勧奨接種のワクチンとなり,2013年に定期接種のワクチンとして導入されました(図3.22).PCV7の導入により髄膜炎の発症頻度は低下し,敗血症,重症肺炎の頻度も低下しました.続いて2013年には,さらに6種類の血清型を追加したPCV13が導入されました.しかし,敗血症や肺炎の頻度はPCV13導入後も減少傾向は認められません.

　当初は日本の小児の重症感染症の20〜30%をカバーしていたPCV7でしたが,定期接種となった2013年には5%以下となりました.これに代わり導入された

図3.22　肺炎球菌髄膜炎と侵襲性感染症
(日本医療研究開発機構のデータより)

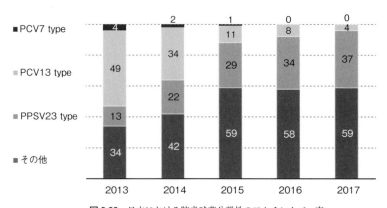

図 3.23　日本における肺炎球菌分離株のワクチンカバー率

2017 年の優勢血清型：24F，12F，15A，35B，15C，15B，22F．（Suga, S. *et al.:Vaccine*, 2015:33, 6054-6060; 岡部信彦ほか編：予防接種の手びき 2020-21 年度版，近代出版，2020)

PCV13 では当初 50％の血清型をカバーできていましたが，ワクチンが普及するにつれてカバー率が低下していき，現在では PCV7 がカバーできる肺炎球菌は 0％，PCV13 でも 4％と低下しています．成人用として認可されている 23 価ワクチンに含まれていない血清型が 60％と増えてきています．世界より 10 年近く遅れて PCV13 を導入した我が国においても PCV13 に含まれていない血清型の菌株への置き換わりが急速に進んでおり，流行株をカバーする新たな多価肺炎球菌ワクチンの開発が進んでいます（**図 3.23**）．

■ 3.9.2　肺炎球菌ワクチンの効果

　成人，特に 65 歳以上の高齢者においては，インフルエンザ流行時のおもな死亡原因は肺炎です．インフルエンザウイルスだけでも肺炎を起こしますが，インフルエンザウイルスによって気道上皮細胞の繊毛構造が破壊され，細菌などの異物，喀痰を排除する力が弱まります．これにより喉頭（気管の入り口）に常在菌叢を形成している肺炎球菌などが侵入し肺炎を起こします．また，高齢者は誤嚥することが多く，インフルエンザに罹って咳き込んで誤嚥した際に，誤嚥物中の細菌によって誤嚥性肺炎を起こすことがインフルエンザ流行時の死亡率増加に関連しています．免疫能に異常を持っていない高齢者においても，肺炎球菌ワクチン接種は敗血症，重症肺炎を予防でき，成人の肺炎に関しても重症化・死亡のリ

スクを軽減します．このことから米国では早くから毎年のインフルエンザワクチン接種とともに，肺炎球菌ワクチン接種を勧めています．

■3.9.3 肺炎球菌ワクチンの接種スケジュール

　日本では2014年から高齢者の定期接種のワクチンとなり，満65歳となる1年の間に接種を受けることができます．以前は1回接種のみで，2回目の接種に関しては局所反応の副反応が増える懸念から認められていませんでしたが，5年後には効果が低下することから，現在は追加接種も可能とされています．また，小児用の結合型PCV13を接種して半年後に23価ワクチンを接種する方法も検討されています．

　小児用の肺炎球菌ワクチンはHibと同様に生後2カ月を過ぎてから1カ月ごとに3回接種し，3回目後60日以上経過した1歳半前後で1回追加接種を行います．7カ月を過ぎてから始める時②には，1カ月ごとに2回接種，追加接種は2回目接種後60日以上経過してから行い，1歳を過ぎてから始める場合③は2回接種でその間隔は60日あけることが標準的な接種法とされています（**図3.24**）．

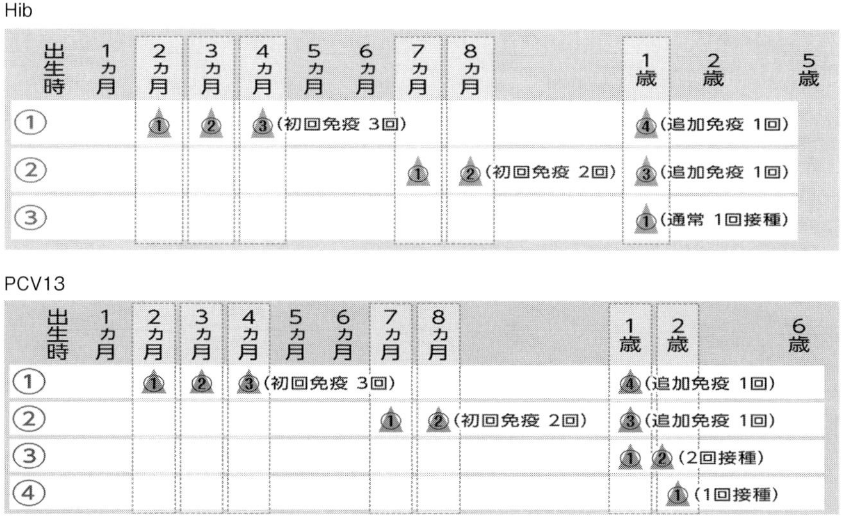

Hib

	出生時	1カ月	2カ月	3カ月	4カ月	5カ月	6カ月	7カ月	8カ月		1歳	2歳	5歳
①			①		③（初回免疫 3回）						④（追加免疫 1回）		
②								①	②（初回免疫 2回）		③（追加免疫 1回）		
③											①（通常 1回接種）		

PCV13

	出生時	1カ月	2カ月	3カ月	4カ月	5カ月	6カ月	7カ月	8カ月		1歳	2歳	6歳
①			①	②	③（初回免疫 3回）						④（追加免疫 1回）		
②							①	②（初回免疫 2回）			③（追加免疫 1回）		
③											① ②（2回接種）		
④											①（1回接種）		

図3.24　HibとPCV13の接種スケジュール
①生後2カ月から開始できた場合，②初回接種が7カ月になった時，③④初回接種が1歳過ぎてから．
（ワクチン学会編：ワクチン―基礎から臨床まで，朝倉書店，2018）

3.10　百日せきワクチン

大人も罹るのですか？

　2007 年から 2008 年にかけて国内各地の大学キャンパスで百日咳が流行し，社会を騒がせました．そのほかにも学校や職場でも散発流行が報告されています．百日咳は子どもたちの病気であり大人は罹らないと長年考えられていましたが，実は成人の罹患者が増加し問題になっている病気です．現在でも世界中で毎年 2,000 万人がかかり 16 万人が死亡しています．

　百日咳は百日咳菌の感染による疾患で，数週間〜数カ月続く特徴的な咳にその名前が由来します．1578 年にパリで百日咳と思われる流行があったことが記録されています．英国においてもウープ（whooping cough; 激しくせき込むこと），チェーン・ストークス呼吸（Cheyne-Stokes cough; 咳込みがひっきりなしに続くこと）として知られていました．ボルデとジャングが特別な培地をつくって，1906 年に百日咳菌の分離に成功しました．その後，新たに百日咳菌と同じようにヒトに百日咳様の症状を起こすパラ百日咳菌と，ホルメッシー（*Bordetella holmesii*）という細菌が存在することがわかりました．これらの菌はほとんど同じ遺伝子構造を持っています．百日咳は，16 世紀以前にはヒトへの感染はなく，動物由来の菌がヒトに感染するようになったといわれています．一方，インドには昔から百日咳があったという説もあります．

■ 3.10.1　百日咳の病原因子

　百日咳菌は患者の咳から飛沫・接触感染で伝播します．詳しい感染・発症のメカニズムはまだ明らかにはなっていませんが，菌の表面に存在する繊維状赤血球凝集素（filamentous hemagglutinin: FHA），線毛（fimbria, fimbriae: Fim），パータクチン（pertactin: PRN）といった複数の接着因子が共同作用して働き，菌が付着し増殖すると考えられます（**図 3.25**）．増殖すると病原因子として菌体毒素を産生します．百日咳毒素（pertussis toxin: PT）は発症に関連する毒素として最初に見つかりました．PT はヒトの自然免疫能として菌を排除する働きを抑制してしまうことが知られています．PT 以外の毒素としてアデニル酸シクラーゼ毒素（adenylate cyclase toxin: ACT），気管上皮細胞毒素，皮膚壊死毒素があります．

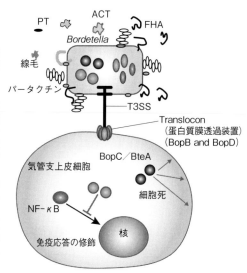

図 3.25　百日咳の病原因子

百日咳菌は，患者の咳から飛沫・接触感染する．気道上皮に菌が付着するための接着因子として，繊維状赤血球凝集素（FHA），線毛（fimbriae），パータクチンがある．

virulence factors（分泌毒素）として，百日咳毒素（PT）（リンパ球増加），アデニル酸シクラーゼ毒素（ACT）（細胞内 cAMP 増加・貪食抑制），気管上皮細胞毒素（TCT），皮膚壊死毒素（dermonecrotic toxin）が挙げられる．

Type Ⅲ分泌装置（T3SS）として，effecter molecule，BopC，BopN，Bsp22 などがある（生体反応の攪乱）．

（Abe A, *et al*: The Bordetella type Ⅲ secretion system: its application to vaccine development. *Microbiol Immunol*. 2008;**52**(2):128-133 より）

　百日咳菌が付着すると，針状の突起を細胞に突き刺して菌体内の病原因子を内部に注入します．注入された病原因子が免疫応答を修飾して生体の防御反応を攪乱することが，長引く咳の一因と考えられています．

■3.10.2　百日咳の診断方法とその難しさ

　2000 年代以降，成人罹患者の増加が注目されているもののその実態は明らかになっていないのが現状です．成人百日咳は典型的な症状を認めることは少ないうえに，2 週間以上続く長引く咳の症状だけで医療機関を受診する人が少ないためです．また，受診しても「百日咳は乳幼児の疾患」との医師の思い込みにより見過ごされるケースも多いと考えられます．

　こうした背景をふまえて，2018 年に百日咳の診断基準が見直されました．診断には臨床診断（症状やその期間などによりその病気にかかっているかを診断すること）と，確定診断（検査によりその病気であることを確認すること）の 2 段階があります．

　百日咳の臨床診断の基準は**表 3.9** に示した通りで，1 歳未満の乳幼児では普通は 2 週間も咳が続く前に受診するため 1 歳以上や成人と基準が異なっています．

　それでは，確定診断はどうするのでしょうか？　感染症診断の基本は「体内から病原体が分離されるか」です．しかし，成人百日咳では過去に DTaP ワクチン（後

表3.9　百日咳の疑い（臨床診断）

	1歳未満	1歳以上，成人
持続期間	持続時間は問わない	1週間以上長引く咳
咳嗽	発作性の咳嗽	発作性の咳嗽
呼吸音	吸気性笛声（whoop）	吸気性笛声（whoop）
嘔吐	咳嗽後の嘔吐	咳嗽後の嘔吐
呼吸頻度	無呼吸	呼吸苦

述）接種歴があったり，初期症状から風邪と間違えて抗菌薬を服用したりすることで菌量が少なくなり，また排出期間も短いため正確に検出できないケースが多くあります．そこで導入されたのがloop mediated isothermal amplification（LAMP）法です．これはCOVID-19で広く一般に知られるようになったPCR法と同じように，ターゲットとする病原体の遺伝子を短時間で増幅する方法で，60分以内に結果がわかります．しかし，成人ではLAMP法でも診断が難しいケースもあり，その時には血液検査を行うことになります．発症時と回復期の血清を採取し百日咳に対する抗体の上昇を確認します．

■ 3.10.3　ワクチン開発のはじまり

1906年に百日咳菌が分離されると，これを増やしてホルマリンで不活化したワクチン（全菌体不活化ワクチン（whole-cell inactivated vaccine））がつくられ，1923～24年にかけてフェロー諸島（麻疹のところでも出てきました）で臨床試験が行われました．しかし，この時はワクチンによる予防効果はなかったと結論付けられています．ところが後年になって解析をやり直すと，百日咳の重症化の予防，致命率の低下には有効だったことがわかりました．

なぜこうした違った結果が出たのでしょう．当時，島の中で百日咳がすでに流行していて，ワクチン接種前，接種期間中に感染した人が多かったからと考えられているようです．ワクチン接種者195例のうち重症は8例，中等症が45例，非典型的な咳が65例でした．一方，ワクチン未接種の30例では重症は18例，中等症10例，非典型的な咳が2例に認められています．この結果から，ワクチンによる重症化予防における有効率は75%とされています．臨床診断から百日咳を診断することが困難であることが示唆されます．

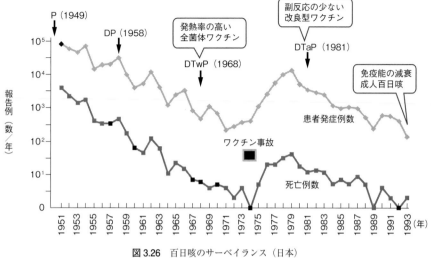

図 3.26　百日咳のサーベイランス（日本）
(Nakayama, T.: Vaccine chronicle in Japan. *J. Infect. Chemother.*, 2013; 19:787-798)

■ **3.10.4　百日咳のサーベイランス（日本）**

　日本における百日咳のサーベイランスとワクチン開発の推移を**図 3.26** に示しました．1950 年代には百日咳による死亡例は毎年数千例報告されていました．日本で百日咳ワクチンが開発され導入されたのは 1949 年のことで，1950 年には予防接種法に基づく定期接種になりました．1958 年からはジフテリアトキソイド（D）との混合ワクチン（DP），1968 年からは破傷風トキソイド（T）を加えた DTwP ワクチンとして定期接種になりました．

　開発当初の百日咳ワクチンは全菌体不活化ワクチンで，接種後の局所反応，発熱を含めた全身反応が強かったのですが，百日咳が流行している時期には受け入れられ接種率の上昇とともに患者報告例数は減少し，1974 年には百日咳による死亡例の報告はなくなりました．しかし，1974 年 12 月，1975 年 1 月と続けて DTwP ワクチン接種後の死亡例が 2 例報告されたため，DTwP ワクチンの接種は一時中断され，2 歳からに接種対象年齢が引き上げられましたが接種率の向上は望めず，百日咳の報告例数は増加に転じました．

　DTwP ワクチン接種と脳症との因果関係は不明のままでしたが，最近になってようやくドラベ症候群というナトリウムイオンチャネルの異常があることがわかってきました．

　この死亡事故を契機に，日本では安全性が高く副反応の少ないワクチンの開発が強く求められ，1981 年には百日咳の感染，発症に関連する PT，FHA 等を精製した無細胞型百日咳ワクチンとジフテリア・破傷風トキソイドとを混合した沈降精製三種混合ワクチン（DTaP）が開発されました．現在は不活化ポリオワクチンとの混合ワクチン（DTaP-IPV）の接種が行われています．生後 3, 4, 5 カ月と半年以上あけて 1 歳台に追加接種を実施しています．DTaP の副反応の出現率はきわめて低く，DTaP 接種率も 90％近くになり百日咳患者報告数は減少してきました．しかし，2007 年から 2010 年までに大きな流行が認められています．冒頭で紹介した大学キャンパスなどでの流行を反映しています．

■3.10.5　百日咳のサーベイランス（米国）

　米国で感染症のサーベイランスが始まった 1920 年頃から 1940 年代までには，全米で毎年 10 万〜30 万人の百日咳患者が報告され，人口 10 万あたりで 150 例が発症し 6 例が死亡していたと推定されました．ジフテリア，破傷風との混合ワクチン（DTwP）が 1948 年に認可されました．1970 年までに発症数が 99％減少し，さらに 1990 年までは減少の一途で 10 万あたり 1.2 例まで低下しました．1990 年代から日本で開発された副反応の少ない DTaP ワクチンの導入が徐々に進み，1996 年にはすべて DTaP に置き換わりました（**図 3.27**）．

　しかし，DTaP は免疫能の持続期間が短く 2000 年以降青年層を含めた成人の百日咳の報告が世界的に増加してきました．当時の米国では，4〜6 歳で DTaP の 5 回目接種を行った後は 11〜12 歳で DT ワクチンの接種が行われていました．10 歳以降で DTaP の接種をすると強い局所反応が認められたためです．4〜6 歳以降で百日咳の成分を含むワクチンを接種していないために免疫能が減衰し 10 代の罹患者が増えたものと考えられました．

　そこで，副反応に関与すると思われていたジフテリアと百日咳の抗原成分を減らした Tdap（小文字の d と ap は小児用の DTaP と比べてジフテリアと無細胞型百日咳の成分が少ないという意味）が開発され，2005 年に承認されています．11〜12 歳の DT に代わって Tdap の接種が勧められました．

■3.10.6　百日咳対策は新生児を守ること

　近年，日本でも米国でも成人の百日咳が増えていることが問題になっています．

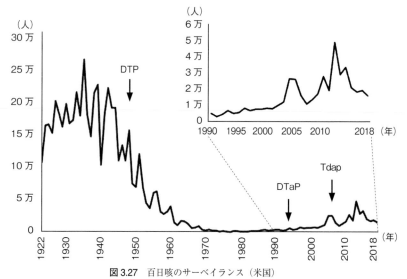

図 3.27 百日咳のサーベイランス（米国）

右上のグラフは，1990 年〜 2018 年のサーベイランスを拡大して表示している．（CDC: National Notifiable Diseases Surveillance System（NNDSS）および 1922〜1949 の Public Health Service の報告より）

前述のように，成人の場合には咳が続いても受診しないなどの理由で家族内感染により新生児に伝播する構図が見えてきました．新生児百日咳は重症化し激しい咳込みだけでなく，無呼吸や痰を排出できずに窒息して死亡するケースも報告されています．新生児に百日咳菌を持ち込むのは主として母親や上のきょうだいです．

　新生児を守るために，米国疾病予防管理センター（Centers for Disease Control and Prevention: CDC）は妊娠後期（27〜36 週頃）に Tdap の追加接種を推奨しています．これにより移行抗体のレベルが上昇しワクチン接種前*5の新生児を守ることができます．しかし，母親だけでなく家族全員が感染源となりうるため，新生児と同居する全員にワクチンを接種する cocooning strategy*6 という方法が提唱され，有効性が確認されています．

■3.10.7 百日せきワクチンのこれから

　百日咳は，2018 年から実験室診断に基づいた全数報告の疾患となっており，毎年 1 万人以上が報告されています．好発年齢は 6〜12 歳の学童で，学童の保護

＊5　DTaP ワクチン接種は 3 カ月からで最低 2 回接種しないと効果が認められません．

＊6　cocoon は蚕の繭の意で，中の蛹を守ることから命名されました．

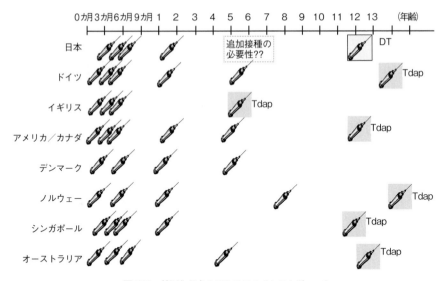

図 3.28　外国と日本の DTaP ワクチンスケジュール
(Plotkin, S. A. 編：Vaccines, Elsevier, 2017 より著者改変)

者世代である 40 歳前後に小さなピークが認められます．DTaP の免疫能の持続は 3〜4 年と短いため，学童以降から成人層での百日咳が増加し，家族内感染で DTaP 接種前の乳幼児，新生児への感染が増加していると考えられます．**図 3.28** に示すように，諸外国では就学前（5〜6 歳）と 12〜13 歳で追加接種を行っている場合が多いのに比べ，日本では 2 歳以降での追加接種がありません．12〜13 歳時の DT ワクチンを DTaP に置き換える案が検討されています．

3.11　ジフテリア・破傷風トキソイドワクチン

今もあるのでしょうか？

■ 3.11.1　原因菌の発見と毒素

ジフテリアは呼吸器感染症で，咽頭にジフテリア菌が感染して増殖し，偽膜と呼ばれる白い膿状の膜をつくります（**図 3.29**）．この偽膜や首や喉の腫れによって気道が塞がれ窒息死することもあり，また，心筋や末梢神経にまで毒素による炎症が広がるケースもあります．ヒポクラテスの時代にはすでに記録されており，もっと古い紀元前 1550 年頃にエジプトで同様な症状が記録されているようです．ジフテリアという病名はギリシャ語の「なめし革」に由来し，偽膜がなめし革に

似ていることから名づけられたといわれています.

ジフテリア菌は，1883年にクレブスとレフレルにより発見され，翌年には純粋培養されました.さらに，1888年コッホ研究所のベーリングはジフテリア菌が産生する毒素によって全身症状を起こすことを発見しました.19世紀末には米国だけでも毎年10万人が罹患して15%近い致命率を示しており，当時の重大な小児の感染症でした.

破傷風はジフテリアと同様に紀元前からあった病気です.顎の筋肉が硬直して口を開けられない

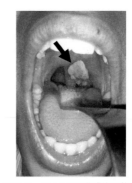

図3.29 ジフテリア菌感染の偽膜
（撮影：Doc James/CC BY-SA 3.0）

開口障害や，身体が弓のように反り返ったりけいれんを起こしたりすることから，ギリシャ語でtetano（つっぱる）から英語名をtetanusといいます.

破傷風菌は1884年にドイツのニコライアーにより発見されました.破傷風菌を純粋培養したのが，当時コッホのもとに留学していた北里柴三郎です.この菌は酸素がある状況では増殖しにくく，土壌の中ではスポア（芽胞）をつくって長く生きています.ヒトからヒトに感染することはなく，傷口から菌が侵入感染します.血中には菌は認められないことから，ジフテリアと同様に毒素によって発症するのではと考えられました.

北里は破傷風菌の毒素を不活化し，動物に接種することで抗毒素がつくられることをつきとめ，さらにこの抗毒素が発症を抑えることと，他の動物にこれを投与して予防できることを見出しました.この方法は血清療法と呼ばれ，同じく毒素による疾患であるジフテリアにも応用されました.

■3.11.2 ジフテリア・破傷風トキソイドワクチン

この血清療法の考え方をもとにジフテリアと破傷風のワクチンの開発が進められました.まず，ジフテリアについては，馬から効率良く抗毒素を得ることができましたが，ヒトに使用するには異種血清を使うことによる課題がありました.1923年に，ホルマリンで不活化した毒素（トキソイド）をワクチンとして使用できることがわかりました.しかし，トキソイド単独では効果が低いことがわかり，試行錯誤のなかでアルミニウムを加えることによって効果が高められることが偶然に見出されました.これが，アジュバントとしてアルミニウムが使用され

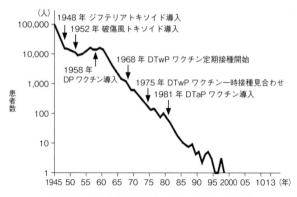

図 3.30　ジフテリア患者数の推移（1945～2013 年）
（1993 年 3 月までは厚生労働省：伝染病統計，それ以降は国立感染症研究所：感染症発生動向調査のデータ）

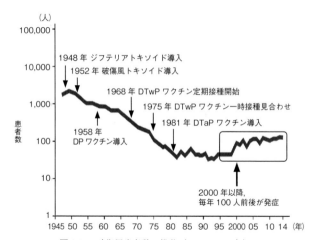

図 3.31　破傷風患者数の推移（1945～2014 年）
（1993 年 3 月までは厚生労働省：伝染病統計，それ以降は国立感染症研究所：感染症発生動向調査のデータ）

たはじまりです．

　破傷風についても同様にトキソイドがつくられました．第二次世界大戦で米国軍はトキソイドワクチンを全員に使用し，一方，ドイツは空軍にのみ限局使用し陸軍は抗毒素に依存していたため破傷風の死亡兵に悩まされたようです．

　我が国では 1948 年にジフテリアトキソイド，1952 年に破傷風トキソイドが開発され，1968 年から DTwP が定期接種に導入されて接種率は現在ほぼ 90％です．1981 年には副反応の少ない精製無細胞型の百日咳ワクチンとジフテリア・破傷風トキソイドの混合ワクチン（DTaP），さらに不活化ポリオワクチンとの混合

ワクチン（DTaP-IPV）が2012年から生後3カ月から90カ月までに4回定期接種として使用されています（基本は1歳までに3回と，3回接種から6カ月以上あけて追加）．11〜12歳ではジフテリア・破傷風混合（DT）ワクチンがⅡ期の定期接種として使用されています．前節で述べた通り2歳以降で百日咳の成分を含有したワクチンが接種されていないので，DTワクチンの代わりに任意接種としてDTaPを選べるようになっています．

　ジフテリアの発症の報告が無くなりましたが，破傷風は依然として毎年100例前後の報告例が認められています（**図3.30**，**図3.31**）．2011年の東日本大震災の被災地で津波に巻き込まれた人や，罹災時に外傷を受けた人からの破傷風患者が報告されました．復興活動に参加するボランティアにはワクチン接種が勧められました．破傷風菌は酸素に触れにくいところで増える性質があるので，表面の外傷は特に問題はありませんが，庭いじりや家庭菜園での傷や，釘を踏むなどしてできる深い傷では破傷風菌が増えやすくなります．破傷風抗体価は10年で低下することから10年ごとの追加接種が米国では推奨されています．破傷風菌は世界中どこの土の中にも存在します．交通事故を含め，外傷はいつどこで起きるかわかりません．特に，海外渡航者には破傷風への注意喚起が必要です．

3.12　日本脳炎ワクチン

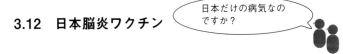

日本だけの病気なのですか？

■3.12.1　日本脳炎とは

　日本脳炎は，黄熱，デング熱，ウエストナイル熱と同じように蚊が媒介し，地域的に流行するウイルス性の脳炎です．1924年に日本で4,000人近くが死亡する大流行が起き，さらに1935年に起こった大流行で初めてウイルスが分離されたことから，日本脳炎と名付けられました．

　ブタの体内で増殖したウイルスがコガタアカイエカにより媒介され，ヒトが最終宿主となります．潜伏期間は6〜16日で，発症初期は発熱，頭痛，嘔吐が出現し，その後，けいれん，意識障害へと進行します．発症した場合の致死率は約20％と高く，回復しても重篤な後遺症を残します．一方で，ウイルスに感染しても大部分は不顕性感染で無症状に経過し，発症するのは数百例に1例とされています．最近では無菌性髄膜炎様の症状があることもわかっており，日本脳炎が疑われる場合は血清診断とともに髄液の遺伝子診断を行います．また，ワクチンの

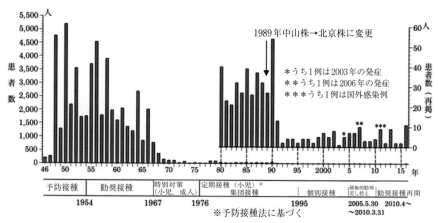

図 3.32　日本脳炎の年別患者報告数（1946〜2016 年）
（感染症発生動向調査：2017 年 7 月 24 日現在報告数）

接種歴も診断において重要な情報となります．蚊の発生する夏に多く患者が発生しますが，日本脳炎ウイルスがどこで越冬しているか，ブタ以外の増幅動物は何かなど，まだ解明されていない点も多くあります．

　日本での発生状況を**図 3.32** に示します．終戦後の 1948 年（昭和 23 年）から年間数千人の患者が確認されましたが，1955 年になってようやく 1935 年に分離された中山株ウイルスからワクチンが開発され，勧奨接種に指定されました．さらに，1967 年から特別対策法により接種が推進されたことで，発症例数は激減しました．現在では年間 10 例前後に抑えられています．

　経済動物であるブタの飼育環境は変化し集約化され，水田も減少したことで，媒介する蚊が減少したことが日本脳炎発症数の減少の大きな要因と考えられます．日本脳炎という名前から日本だけの病気ととらえられがちですが，インド，東南アジア，中国，オーストラリアなどアジア・オセアニアの多くの国で年間 4 万〜5 万人の発症例が報告され，1 万人前後が亡くなっています．

■ 3.12.2　日本脳炎ワクチンと ADEM

　1955 年に開発された中山株日本脳炎ワクチンはマウス脳を用いて製造しているため，開発当初から脳由来成分の残存が懸念され潜在的にアレルギー性脳炎の発症が危惧されていました．実際に自己免疫応答によるアレルギー性脳炎である

急性散在性脳脊髄炎（ADEM）が副反応として知られています．モルモットを用いた実験からADEMを起こす可能性はきわめて低いと考えられていましたが，2004年夏に接種された中学生が重症のADEMを発症したことから，2005年には積極的勧奨を差し控えるように通知されました．それまでの15年間にも13例のADEMが報告され，また他のワクチンでもADEMの副反応は報告されており，必ずしも日本脳炎ワクチンのみに発生したわけではないものの，事実上中止されることになりました．当時，開発中であった組織培養由来のワクチンはすでに臨床応用の段階にあり，脳由来成分を含まないことからマウス脳由来ワクチンの代わりとして早期導入が期待され，2009年に認可されました．2010年4月にⅠ期初回免疫と1年後の追加接種が再開されました．

　積極的勧奨接種が中止されていた2005年から2010年までの間に3例，小児の日本脳炎感染例が報告されています．一時的にしてもワクチン接種を止めると，感受性者のなかで発症することがわかります．副反応と発症のリスクを常に考慮して判断することが求められます．

■3.12.3　日本脳炎ワクチンのこれから

　日本脳炎ワクチンは全部で4回の接種が必要です．標準的には0.5 mLを3歳から1カ月間隔で2回接種し，1年後に追加接種，9〜12歳でⅡ期接種を行います．日本脳炎の流行地域では接種は生後6カ月から受けられますが，3歳未満では減量して0.25 mLを接種します．

　ウイルスは，インド，東南アジア，中国，オーストラリアに常在する風土病と考えられます．日本での発症は高齢者が中心となっています．以前から，特に50〜60歳代の抗体保有率が低いことが懸念され，高齢者への接種とともに流行地域への渡航者や赴任者に対してトラベラーズワクチンとして追加接種が勧められています．

3.13　B型肝炎ワクチン

肝炎って，種類が多くて違いがわかりません…

　肝臓は，身体に必要な栄養素を貯蔵したり，有害物質を分解したり，胆汁をつくったりする働きを担う臓器です．肝臓の機能が低下すると，黄疸といって皮膚や眼球が黄色味を帯びる症状がみられます．

表 3.10　ウイルス性肝炎の種類

	原因ウイルス	ウイルス遺伝子	感染経路	慢性肝炎	肝硬変	予後	治療	ワクチンの有無
A型肝炎	HAウイルス	ピコルナRNA	汚染された食品や水，糞口感染	なし	なし	一般的に軽症	なし	○
B型肝炎	HBウイルス	ヘパドナDNA	血液やその他の体液（水平感染），母子感染（垂直感染），濃厚接触	あり	あり	キャリア化，肝がん	IFN療法，薬物療法	○
C型肝炎	HCウイルス	フラビRNA	血液感染，母子感染（垂直感染）	あり	あり	肝がん	IFN療法	×
D型肝炎	HDウイルス	サテライトRNA	血液感染，濃厚接触	あり	あり	B型と同時感染	IFN療法	×
E型肝炎	HEウイルス	カルシウイルスRNA	ブタやイノシシ肉の生食，糞口感染	なし	なし	妊婦は重症	なし	×

　肝臓の主な病気として，肝炎，肝硬変，肝臓がんの 3 つがあります．肝炎は，肝臓が炎症を起こして組織が壊れていく病気で，その原因には，ウイルス，アルコール摂取，肥満などがあり，さらにウイルス性肝炎には，A 型〜E 型の 5 種類があります（**表 3.10**）．このうちワクチンがあるのは A 型と B 型で，A 型肝炎ウイルス（hepatitis A virus: HAV）は汚染された水や食品を介して経口感染し，衛生状態の悪い地域で流行します．B 型肝炎ウイルス（hepatitis B virus: HBV）は主として血液を介して感染します．特に感染している母親から垂直感染して持続保因者（キャリア）となり，慢性肝炎，肝硬変と進行するため注意が必要です．衛生状態の良い日本では B 型肝炎のワクチンのみを導入しています．

■3.13.1　肝炎とは

　B 型肝炎には急性と慢性があります．急性 B 型肝炎では，はじめに食欲不振，嘔吐，発熱，関節痛といったインフルエンザのような症状が現れ，続いて黄疸が出現した後に軽快します．症状は改善しますが，一度感染したウイルスは肝細胞の中に残っており，慢性肝炎に移行する場合もあります．成人では，B 型肝炎ウイルスに感染しても発症しないことも多く，また発症しても急性肝炎となりその後に治癒する割合が高いのですが，ごく一部は劇症肝炎といって急激に進行し，

死に至るので注意が必要です．また，無症状の人（健康診断や献血の際に見つか
るケースが多い）がキャリアとなり，他の人に移したり（水平感染），母子感染
を起こしたりします．母子感染で乳幼児が感染した場合は，成人と異なり10%
ほどが慢性肝炎を発症し，残りはキャリアとなるので，これを防ぐ目的で1986
年から日本では母子感染対策が始まっています．

■3.13.2　B型肝炎ウイルスの発見

　古くから，血液や血液成分を注射することで黄疸や現在でいう肝炎のような症
状が出現したという記録が多く残されています．そのため，B型肝炎ウイルスの
発見前から輸血のリスクが知られ，針の使いまわし禁止などの対策はとられてい
ました．

　多くの研究者がこの病を感染症であると推測し，その原因を突き止めようと奔
走していました．そのひとりであるブランバーグは，世界各地の人々の血液を調
べ，何回も輸血を受けたことのある人の血液が，オーストラリア原住民アボリジ
ニの人々が血液中に持つ粒子と反応することを見つけ，この病気の発症と関係し
ていることを1964年に突き止めました．この粒子はオーストラリア抗原（Au
抗原；現在はHBs抗原と呼ばれています）と名付けられました．また，1970年
代には電子顕微鏡でウイルスの粒子（HBs）が観察され，さらに研究は加速しま
す．Au抗原の発見によりB型肝炎の解明に貢献したブランバーグは1976年に
ノーベル医学・生理学賞を受賞しています．

■3.13.3　B型肝炎ワクチンと抗HBsヒト免疫グロブリン

　ブランバーグによる発見から間もない1969年，米国赤十字はAu抗原陽性（こ
こでの陽性とは「抗原を含む」という意味です）の血液からB型肝炎ワクチン
の製造を試みました．Au抗原陽性の血液から得た血清を煮沸し，熱不活化した
ものを小児に接種したところ，感染防御効果はみられたもののばらつきが大きく，
実用化には至りませんでしたが，血液由来ワクチンの可能性は示されました．
1970年代にはハイリスク群である身体障害児施設の児童，血液透析を受けてい
る患者，透析医，同性愛者を対象に接種が行われ，有効性が確認されています．

　同時期に，抗HBsヒト免疫グロブリン（anti-HBs human immune globulin:
HBIG）が開発されました．これはB型肝炎ウイルスに対する抗体を有効成分と

する製剤で，ウイルス感染のおそれがある人に投与することによって血液中に侵入したB型肝炎ウイルスを中和し，感染を防御できるというしくみです．しかし，複数回投与する必要があるうえに，投与から6カ月後に血液を検査するとHBs抗原陽性，つまりHBIGのはたらきをすり抜けてウイルスが感染している例が多いことがわかりました．これによりHBIGの効果持続が疑問視されたことに加え，HBIG自体が高価であることから，感染予防効果を長期間維持できるワクチンの開発が求められるようになりました．

　そこで第一世代ワクチンとして，HBs抗原（ウイルス表面にある蛋白質）を含む血液を使ったワクチンが誕生し，日本では1984年に承認されました．しかしHIVをはじめ他のウイルスによる汚染の危険があり，また大量生産が難しい問題もありました．その後，分子生物学の進展によってHBs蛋白の遺伝子を人工的に増幅させ，これを酵母に導入してたくさんのHBs蛋白を産生することが可能になり，これを原料とする第二世代ワクチンが作られ，1988年に承認され現在に至るまで使用されています．

■3.13.4　ワクチン接種制度

　前述のとおり，B型肝炎には母子感染によるキャリアの存在があります．キャリアになると慢性肝炎に移行し，肝硬変，肝がんへと進行する危険性があります．そのため，B型肝炎ワクチンの接種制度は母子感染の阻止に主眼を置いたものとなっています．そこで日本では，1985年にB型肝炎の母子感染防止事業が開始されました．

　この事業は，母子感染を起こすおそれがある妊婦から出生する乳児を対象に実施されました．「母子感染を起こすおそれがあるかどうか」は，B型肝炎ウイルスの抗原や抗体が血液中に存在するかを調べることによって判定できます．（脚注：このように感染の指標となる抗原や抗体をウイルスマーカーと呼びます.）B型肝炎の抗原には，主にHBsとHBeがあります．HBs抗原は先述のとおりB型肝炎ウイルス表面にあるタンパク質で，これが血液中に検出される＝B型肝炎ウイルスに感染している，ということです．一方，HBeはB型肝炎ウイルスが体内で増殖する際に大量に産生される蛋白質です．血液中にHBeが検出される＝体内のB型肝炎ウイルスが活発に増殖していて感染性の強い状態にある，ということです．B型肝炎ウイルスに感染したヒトの体内では，HBsとHBeそ

れぞれの抗体が産生されます．血液検査でHBs抗体が検出される＝過去にB型肝炎ウイルスに感染したが現在は免疫ができている状態，HBe抗体が検出される＝B型肝炎ウイルスの増殖が落ち着いており感染の危険性が低下した状態，と理解してください．ワクチンはHBs抗原を含んでおり，これを投与してあらかじめHBs抗体を産生しておくことで感染を防ぐしくみになっています．

　さてB型肝炎母子感染防止事業では，まず1985年6月にすべての妊婦に対しての HBs 抗原検査が開始され，この検査で陽性だった場合にはHBe抗原検査を実施しました．翌1986年1月からはHBe抗原陽性HBs抗原陽性（＝B型肝炎ウイルスに感染しており，さらに体内でウイルスが活発に増殖している状態）の母親からの出生児に対して公費でワクチン接種と HBIG の投与が行われました．接種スケジュールは**図3.33**上段に示すとおりです．この当時用いられていた第一世代ワクチンは抗体産生能がそれほど高くなかったため，HBIG と併用されました．その後，HBe抗体陽性（HBe抗体があると感染性はないと考えられていました）の母親から出生した児もキャリアになりうることがわかり，HBs抗原

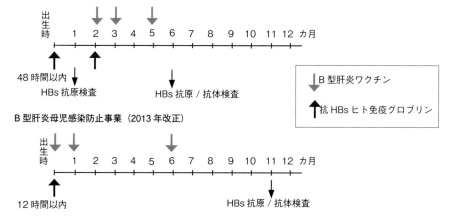

図3.33　B型肝炎母子感染防止事業の変遷
（日本小児科学会：B型肝炎ウイルス母子感染予防のための新しい指針，https://www.jpeds.or.jp）

陽性のすべての妊婦に対象が拡大されました.

　これによって母子感染は激減しましたが，接種漏れによりキャリアになる児が一定数発生していることが明らかになりました. HBIGの早期投与や出生直後のワクチン接種の安全性が世界中で確認されていることから，日本小児科学会をはじめとする関連学会の要望に応じる形で2013年にスケジュールが変更されています（図3.33中段）.

　このように，日本では主に母子感染防止のためにワクチンが用いられたほか，血液・体液を取り扱う医療従事者（医師，看護師，歯科医，歯科衛生士など）には感染の機会があるとしてワクチン接種が推奨されてきました. しかし，キャリアからは血液だけでなく汗や涙，体液からもウイルスが排泄されていることがわかってきました. 実際に，父親からの感染，保育園での感染，相撲やラグビーなど体を密着させる機会の多いスポーツからの感染が目立つようになりました. WHOでは早くからユニバーサルワクチン（対象者を限定せず，全員に接種するワクチン）として推奨しており，日本でも前述のような水平感染が明らかになったことをふまえて，2016年から定期接種に移行しました（図3.33下段）. 現在は生後2カ月，3カ月，初回から6カ月前後，の計3回の接種スケジュールとなっています.

　ウイルス性肝炎では，他にワクチンがあるのはA型のみです. HAウイルスは汚染された食品や水により感染しますが，B型と異なり潜伏感染はなく急性肝炎を起こします. 東南アジアなどに旅行する際にはトラベラーズワクチンとして接種することが推奨されます.

■ 3.13.5　B型肝炎集団訴訟

　日本では1948（昭和23）年7月1日から1988（昭和63）年1月27日まで集団予防接種が行われていました. 3.13.2項で述べたように，B型肝炎ウイルス発見以前から注射器の使い回しの危険性は諸外国で知られていたにもかかわらず，戦後まもない日本では使い捨ての注射針や注射筒が普及しておらず，使い回しが行われてきました. 1958年になって被接種者一人ごとに注射針を交換するよう予防接種実施規則に定められ，さらに1988年からは注射筒も同様に交換するよう国からの指導が行われました.

　しかし，約40年のあいだに注射器の使い回しによってB型肝炎ウイルスに感

染した人が多くいました．1989 年に 5 人の被害者が訴訟を起こしたのをきっかけに大規模な集団訴訟に発展し，2011 年になってようやく国はその責任を認めました．翌 2012 年からは「特定 B 型肝炎ウイルス感染者給付金等の支給に関する特別措置法」が施行されています．

■3.13.6　B 型以外の肝炎ウイルス

　肝炎を起こすウイルスとして A 型肝炎ウイルスの患者血清を実験動物に接種すると肝炎を発症することがわかり，ヒト二倍体細胞やアカゲザル胎児腎細胞でウイルスが増えることから A 型肝炎ワクチンも開発されましたが，C 型肝炎に対するワクチンは開発されていません．A 型肝炎は汚染された食品や水により感染しますが，B 型肝炎と違って潜伏感染することはなく，急性肝炎を起こします．東南アジアなどに旅行する際にトラベラーズワクチンとして接種することが推奨されています．

3.14　インフルエンザワクチン

どうして毎年受けなければならないの？

　インフルエンザは毎年流行を繰り返す身近な感染症です．高熱が突然出て咳が止まらない病気が周期的に流行ることは古くから知られており，ヒポクラテスはこれを悪い水や空気によるものと考えていたようです．また，16 世紀の占星術師はこの流行病を天候や寒気，星の運行によるものと考えていました．インフルエンザという名前は，イタリア語で「影響」を意味する influenza から誕生したといわれています．

　インフルエンザウイルスは風邪の原因ウイルスのひとつとされ，以前はあまり重要視されていませんでしたが，2000 年頃に発売された迅速診断キットの普及により，インフルエンザへの考え方は大きく変わりました．また最近では，感染しても高熱はおろか症状すら全く出ないインフルエンザがあることもわかってきました．

■3.14.1　インフルエンザウイルス

　インフルエンザウイルスは長径 100〜150 nm の内部に遺伝情報として RNA を持つ小さな粒子です．粒子内部に存在する核蛋白（NP）の抗原性（ヒトの体内

に入った時の異物としての認識されやすさ）の差によってＡ型，Ｂ型，Ｃ型の3種類に分類されます．その特徴は**表3.11**の通りです．

　Ａ型，Ｂ型のウイルスは，**図3.34**のように内部に8本のRNAを持ち，外殻には赤血球凝集抗原（HA），ノイラミニダーゼ（neuraminidase: NA）という2種類の糖蛋白がトゲのように存在しています．インフルエンザウイルスの抗原性は主にこのHAとNAにより決定されます．Ａ型は16種のHA，9種のNAがあるため，その組み合わせで144種類（これを亜型と言います）ものウイルスが存在し，それぞれの番号からH△N▲型と呼ばれます．例えば，20世紀に入ってから大流行したソ連風邪はH1N1型，アジア風邪はH2N2型，香港風邪はH3N2型です．また，20世紀初頭に流行したスペイン風邪はH1N1型であったこ

表3.11　インフルエンザウイルスの分類

	A型	B型	C型
症状	典型的（高熱，咳，倦怠感など）	典型的（高熱，咳，倦怠感など）	軽度
亜型	144種類（H1〜H16，N1〜N9）	なし	なし
流行規模	大規模流行（パンデミック）の恐れあり（ヒトに感染したことがないウイルスが出現する）	世界的な大流行を起こすことはない	流行は稀
宿主	ヒト，鳥，ウマ，ブタなど	ヒトのみ	ヒトのみ
ヒトへの病原性	高い	高い	低い

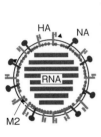

RNA	核酸	蛋白（アミノ酸）	特徴
1	2341	PB2（759）	ウイルスが増殖する時に働く
2	2341	PB1（757）	ウイルスが増殖する時に働く
3	2233	PA（716）	
4	1778	HA（566）	赤血球凝集素抗原，ウイルスが感染する時に働く
5	1565	NP（498）	
6	1413	NA（454）	ノイラミニダーゼ，ウイルスが感染する時に働く
7	1027	M1（252），M2（96）	
8	890	NS1（230），NS2（121）	

図3.34　インフルエンザウイルスの構造とウイルス遺伝子と発現する蛋白の働き

とが後に証明されています．一方，B型のHA，NAは1種類ずつしかなく，多様性が乏しい点がA型との大きな違いです．ただし，B型も細かく分類すればビクトリア系統（オーストラリアのビクトリア州で分離されたことに由来）と山形系統（日本の山形県で分離されたことに由来）の2種類があります．

　A型インフルエンザウイルスの厄介なところは，ヒト以外にも多くの動物に感染することです．スペイン風邪，アジア風邪，香港風邪はいずれも動物由来（特に渡り鳥）のウイルスが突然ヒトに感染するようになったことで起こりました．このように，いったんヒト以外の動物に感染してウイルス遺伝子の交雑が起こり新たなウイルスが出現することを抗原シフトといって，今までヒトに感染したことがないのでパンデミックを起こしてきました．例えば香港風邪（H3N2）は，それまで流行していたアジア風邪のN2と，鳥インフルエンザウイルスのH3という異なるウイルス同士が再集合して新たに出現したものと考えられています．一方，B型はヒト以外には感染しないので抗原シフトを起こすことはなく，パンデミックは起こしません．それ以外にもA型，B型のウイルスはヒトで感染を繰り返しているうちにマイナーチェンジを起こすため，数年ごとに大流行します．これを抗原ドリフトといって，毎年インフルエンザワクチンの株を変えなければならない原因になっています．鳥のウイルスは簡単にヒトには感染しませんが，ブタはトリ型，ヒト型両方のレセプターを持っていて両方のウイルスが感染します．

■3.14.2　インフルエンザパンデミックの歴史とウイルスの発見

　第一次世界大戦末期の1918年春，ヨーロッパ戦線ではドイツ軍と英米仏連合軍との間で膠着状態が続いており，兵力補充のため米国から多数の兵隊を乗せた輸送船がヨーロッパに着きました．それから間もなく，4～5月にかけてヨーロッパ全土でインフルエンザが猛威を振るい多数の死者が出ました．その後，世界中で第三波まで発生する大流行となり，1920年までに当時の世界人口18～20億人のうち6億人が感染し，3,000万人以上が死亡したといわれています．生来元気な若者が死亡者の中心でした．日本にまでも感染が波及し，当時の人口5,500万人のうち2,300万人が罹患し45万人が死亡したようです．戦争中の国々は戦局が不利になることを恐れて隠していましたが，中立国のスペインは国内での流行を隠さず報告したことから「スペイン風邪」と呼ばれるようになりました．

　実は，米国兵がヨーロッパ戦線に送られる前の 1918 年 3 月，米国中部のカンザス州のファンストン基地の豚舎の清掃を担当していた 1 人の兵士が体調不良を訴えていました．これが最初の患者であるといわれています．米国中部はちょうどカナダガンの渡りの経路にあたり，このガンから豚舎のブタに感染したウイルスが変異し，それまでヒトに感染したことのない新たなウイルスになったと考えられています．

　スペイン風邪の起源はいまだに明らかになっておらず，このほかにも，中国を起源とする説もあります．その頃，米国は英仏軍を支援すべく中国人労働者をカナダ経由でヨーロッパ戦線に送り込んでいました．中国ではそれ以前から流行があり，当時から労働者として中国系移民がウイルスを持ち込んだのではないかとも考えられていました．

　起源はさておき，研究者たちはこのスペイン風邪の原因を究明しようと頑張っていました．その当時，ウイルスの存在の可能性が考えられていましたが，技術的な限界がありスペイン風邪の原因が細菌なのかウイルスなのかはっきりわかっていませんでした．その後，1933 年に初めてインフルエンザウイルスが分離され，症状の類似性からスペイン風邪もインフルエンザウイルスによるものであったと推測されました．とはいえ，10 年以上前に終息したスペイン風邪についてそれ以上調べることはできないまま，人類史上最大規模のパンデミックとして知られてきました．

　しかし 2005 年，米軍の病理学者トーベンバーガーがスペイン風邪の遺伝子解析に成功したことを発表しました．さかのぼること半世紀ほど前の 1950 年，アイオワ州立大学の学生だったヨハン・フルティンは，スペイン風邪のウイルスを同定するという壮大なテーマで研究を行っていました．彼はスペイン風邪で亡くなった人の遺体からウイルスを検出できるのではないかと考え，アラスカの永久凍土に埋葬されていることに目をつけました．ブレビックという集落で村人たちの許可を得た彼は，ある女性の亡骸を掘り起こしてサンプルを採取しましたが，そこからウイルスを見つけることはできませんでした．フルティンは失意のうちに研究を断念し，医師となります．

　それから数十年が経った 1997 年，トーベンバーガーはスペイン風邪のウイルス遺伝子を検出しようと 1918 年に亡くなった病理検体から遺伝子情報を得ようとしましたが，ホルマリン漬けの肺組織からは何も情報は得られませんでした．

　しかし，パラフィンに包埋された病理組織切片をもとにPCR法でウイルス遺伝子の断片を得ることに成功したのでした．

　この論文を見てフルティンは，トーベンバーガーがかつての自分と同様の研究を行っていることを知り，すぐさま手紙を出し，研究への協力を申し出ます．そして再びブレビックを訪れ，採取したサンプルをトーベンバーガーに送ると，間もなくPCR法によって遺伝子情報が解析され，H1N1型のインフルエンザウイルスとわかりました．トーベンバーガーの手によりスペイン風邪の遺伝子配列が解明されると，東京大学医科学研究所の河岡義裕により，人工的にスペイン風邪のウイルスがおよそ1世紀ぶりに復活し，そのウイルスがカニクイザルに投与され，重篤な呼吸器疾患を発症することが示されました．

　スペイン風邪の後にも，アジア風邪，香港風邪，ソ連風邪，近年ではブタ新型インフルエンザ（2009年）などいくつかのインフルエンザパンデミックがありました．

■3.14.3　インフルエンザの症状と脳症

　インフルエンザの流行は年により大小がありますが人口の5〜10%が罹患するといわれ，高齢者を中心に大流行した年にはいつもの年よりも死亡者数が増加することが知られてきました．この死亡者数にはインフルエンザ関連死（罹患から併発した肺炎により亡くなるなど）の例が含まれていません．このような間接的な死亡数を含めてインフルエンザ流行のインパクトを計る「超過死亡」という概念があり，それによると日本におけるインフルエンザに関連した年間死亡者数は約1万人と推計されています．死亡例は主に65歳以上の高齢者と乳幼児で，インフルエンザウイルスの感染による肺炎だけでなく，心疾患，腎疾患，糖尿病などを基礎疾患として持っている人たちもインフルエンザ罹患をきっかけにこれを悪化させ死に至ります．

　乳幼児では脳症の合併が知られるようになってきました．インフルエンザではウイルス血症（ウイルスが血液中に侵入すること）は起きないことが知られており，ウイルスが直接的に脳にたどり着くのではなく，サイトカインストーム[7]によるものと考えられています．脳症のメカニズムから考えて，ワクチン接種そ

---

[7]　サイトカインという免疫に関する蛋白質が，感染症によって血中で急激に増加して，全身の臓器に重篤な不全を引き起こす現象です．

表3.12　インフルエンザの合併症

呼吸器	中耳炎，副鼻腔炎，クループ，気管支炎，肺炎（TSS）
循環器	心筋炎，不整脈，突然死？
筋組織	筋炎，ミオグロビン尿症（腎不全）
神経	熱性けいれん，ギラン・バレー症候群，脳症*，急性壊死性脳症，ライ症候群，HSE

＊：1～5歳が中心，インフルエンザの発熱から24～48時間以内に発症，けいれんを伴う意識障害が進行，予後不良20～30％の死亡率，30％の神経後遺症，原因不明（sTNF-R1，IL-6によるサイトカインストーム），ウイルスの直接侵入はなく脳炎所見に乏しい．
TSS; 毒素性ショック症候群（toxic shock syndrome），HSE; 単純ヘルペス脳炎（herpes simplex encephalitis）

のものは脳症を予防することはできませんが，おおもとの原因であるインフルエンザウイルスの感染を予防するといった観点から脳症発症のリスクを減らす有効な方策であることに違いありません．

　インフルエンザ脳症はウイルス感染後，発熱して24時間以内に意識レベルが低下しけいれんを起こします．サイトカインストームは血管の透過性を高めることで全身症状の悪化を誘発します．脳症の発生は流行年度により差がありますが，H3香港型の流行年に多い傾向があり，100～200例の報告があります．脳症を発症すると30％が死亡し，後遺症を残す例も25％あります．

　脳症以外の合併症としては，表3.12のように多くの臓器に関連する疾患が知られており，死亡につながります．

■3.14.4　抗インフルエンザ薬

　インフルエンザに罹患すると高熱と倦怠感で1～2週間は体調不良が続き，社会活動に支障をきたすため，古くから治療薬の開発が行われていました．1959年に米国で発売されたアマンタジンは元来抗ウイルス薬として開発され，抗A型インフルエンザ薬として使用されていました．この薬は，後にパーキンソン病の治療薬として効果的であることが偶然見出され，日本では抗パーキンソン薬として輸入されました．1997年に日本でインフルエンザが大流行した折には抗インフルエンザ薬として用いられましたが，その後すぐに耐性ウイルスが出現し，これが蔓延することになりました．

　その後も，吸入薬のザナミビル（リレンザ®）や経口薬のオセルタミビル（タミフル®）といったいくつかの抗インフルエンザ薬が開発されました．これらは

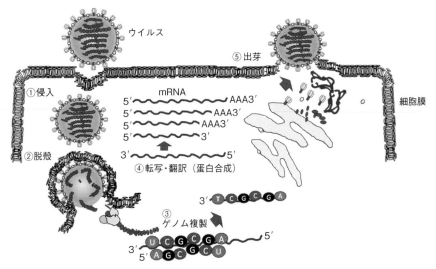

図 3.35 ヒト細胞へのインフルエンザウイルスの感染（著者作成）

いずれもノイラミニダーゼ（NA）阻害薬というジャンルの薬です．インフルエンザのウイルスは**図 3.35** のように，ヒトの細胞に感染し，細胞内で増殖した後，再び細胞から放出され，他の細胞に感染します．細胞から出芽する際に重要な役割を果たしているのが，ウイルスの外殻に並んでいるノイラミニダーゼです．このノイラミニダーゼの働きを阻害することで，ウイルスの出芽を抑えるというのがこれらの薬のメカニズムです．

　2018 年には，全く異なる作用機序を持つ抗インフルエンザ薬として，バロキサビル マルボキシル（ゾフルーザ®）が日本で開発されました．この薬は，従来のノイラミニダーゼ阻害薬とは異なり，細胞内でのウイルス増殖を抑えるしくみです．ウイルスにとって増殖を抑えられることは存続に関わり，それゆえ早くも耐性ウイルスが出現しており問題となっています．

■3.14.5　ワクチン開発の歴史

　初めてヒトからインフルエンザウイルスが分離されたのは 1933 年のことです．英国のウィルソン・スミスらは，患者の喉から採取した分泌物をフェレットの鼻に擦りつけることで分離に成功しました．その時，研究室の医学生にそのフェレットのくしゃみがかかり，数日後，その医学生はインフルエンザを発症しました．

これを応用し，初期のワクチンは人工的にインフルエンザをマウスに感染させ，その肺をすり潰して濾過することによって製造されていました．

　ちょうどその頃，ニワトリの受精卵に患者の検体を接種する方法で動物を用いずウイルスを分離できることが別の研究者により明らかになっていました．実際に，従来はマウスの脳からつくられていた黄熱ワクチンが鶏卵を用いる方法に切り替わり，より安全なワクチンが得られることもわかりました．

　インフルエンザウイルスにもこの方法が使えるかどうかを試したところ，孵化鶏卵（有精卵）で作ったワクチンをヒトに接種することで 2 週間後に中和抗体が出現し，これが 6 カ月は持続することがわかりました．さらに研究を進め，1940年には孵化鶏卵から精製したインフルエンザウイルスをホルマリンで不活化したワクチンが米国で実用化されました．しかし，1947 年に流行したイタリア風邪は，ワクチンと同じ H1N1 型でありながら変異が起こっており，そのためこのワクチンによる予防効果が得られない問題も明らかになりました．その後もワクチンの開発・改良は継続され，1960 年代には超遠心で精製する方法で不純物のきわめて少ないワクチンがつくれるようになるなど，製薬メーカーや研究者のたゆみない努力によって徐々にワクチン品質は向上していきます．

　日本では 1957 年のアジア風邪をきっかけにワクチンの必要性が認識され，1962 年からは小中高生を対象にした予防接種が勧奨されました．しかしこのワクチンは副反応が多く，1972 年から副反応の起こりにくい新たなワクチンに切り替えられました．1977 年の予防接種法改正で勧奨接種から定期接種になりましたが，その後も訴訟に発展する重篤な副反応が相次いで報告されたことから，1994 年の改正では任意接種に変更されました．1997 年に高齢者施設でインフルエンザによる多数の死亡例が発生したことを契機に，再び予防接種法でインフルエンザワクチンが定期接種（高齢者のみ）に加わったのは 2001 年のことです．

■3.14.6　現在の季節性インフルエンザワクチンとその限界

　季節性インフルエンザの予防にワクチンが効果的であるとの認識は一般にも比較的浸透しており，読者の皆さんのなかにも，毎年冬のはじめに欠かさず予防接種を受けている人は多いことと思います．実際に，ここ数年は毎シーズン 2,500万本（成人への使用で 5,000 万回分相当）を超えるワクチンが製造されています．接種率でいうと高齢者で 40〜70％程度，全年齢平均では 30〜40％程度です．

「インフルエンザワクチンだけ，どうして毎年受けなければならないの？」と疑問に思う人もいると思います．たしかに，感染症のワクチンは数多くありますが，毎年の接種が必要なのはインフルエンザワクチンだけです．また「予防接種をしたのにインフルエンザにかかってしまった」「周囲で流行しているので慌ててワクチンを受けに行ったら，すでに品切れと言われた」という声もしばしば聞かれます．これらの疑問について，現在国内で供給されているインフルエンザワクチンをとりまく問題を交えて解説しましょう．

3.14.1 項で述べたように，インフルエンザウイルスは A 型で種類が多く，また変異するスピードも速いため，流行状況を分析してワクチン株として用いるウイルスを毎年決定します．日本では，過去の流行状況から，ワクチン株には A 型の H1N1 ソ連型，H3N2 香港型，そして B 型（山形系統もしくはビクトリア系統）の 3 価ワクチンを使っていました．2009 年に新型 H1N1 pdm09 が大流行してソ連株にとってかわったため，ワクチンもソ連型から pdm09 に置き換えられました．最近では B 型の 2 系統の両方が拮抗して流行しており，これを確実にカバーする目的で 2015/16 シーズンから B 型の両系統を盛り込んだ 4 価ワクチンに切り替わりました．

ワクチン株が決定したらいよいよ製造に入ります．インフルエンザワクチンには全粒子不活化ワクチン，スプリット型不活化ワクチン，弱毒生ワクチンの 3 種類があります（各ワクチンの特徴と違いは 1 章 p.12 参照）．このうち季節性インフルエンザ用として日本で[*8]現在使用されているのはスプリット型不活化ワクチン[*9]のみで，次のように製造されています．まず孵化鶏卵の殻に小さな穴を開け，漿尿膜と呼ばれる胚（卵）の呼吸のための空間にウイルスを接種します．その後，この空間に溜まった液体を採取し，遠心法で分離・精製したウイルスをエーテルと界面活性剤で処理します．続いて HA 分画（ウイルス表面に存在する HA 蛋白質を含む成分）を採取した後，ホルマリンで不活化します．

さて，現状用いられているこのワクチンには，残念ながら以下のようにいくつかの限界があります．皆さんの抱く有効性や持続性に関する疑問への答えがここにあります．

[*8] 弱毒生ワクチンは現在はアメリカでは使用されています．まだ日本では承認されていませんが，臨床試験が終了し，承認申請中です．

[*9] 1970 年代はじめまで日本で用いられていたものが全粒子不活化ワクチンです．スプリットは「物を分割する」という意味で，インフルエンザウイルスの成分をバラバラにしたワクチンです．

1）ワクチンの剤型に起因する問題—有効性と持続性

スプリット型不活化ワクチンはウイルスの外側にある成分を投与して免疫の記憶を呼び覚ますしくみのため，インフルエンザにかかったこと（記憶）のある人ほど効果が大きく，反対にかかった経験のない乳幼児は，そもそも免疫機能が完全でないことも加わって効果が小さくなります．そのため，乳幼児には2回接種が推奨されます．また，不活化ワクチンは生ワクチンと比べて安全性が高いぶん，効果の持続も数カ月程度と短く，それゆえ毎年の接種が必要です．

2）投与ルートに起因する問題—有効性

ワクチンは皮下接種により注射され，血液中に抗体を誘導しますが，ウイルスがヒトに感染する上気道粘膜には抗体を誘導することができません．つまり，ウイルスが体内に入ってからワクチンにより誘導された抗体が気道に染み出してウイルスを攻撃するという原理であり，肺炎など重症化を軽減しますが，入り口である鼻腔などの上気道からのウイルスの侵入を阻止できるわけではないのです．

3）ワクチン株の選定方法に起因する問題—有効性

そもそも，このタイプのワクチンでは変異したウイルス株をカバーできず，流行する可能性の高いウイルス株を予想するという方法にならざるをえない問題があります．最初にあくまでも過去の流行状況から「次のシーズンに流行する可能性が高い」ウイルス株を予測してワクチンを製造するため，もちろん予想が外れることもあります．しかし，予想が外れても一定の効果は期待できるとの報告もあり，全く無駄と考える必要はないでしょう．

4）卵を用いた製造方法に起因する問題—有効性と供給スピード

孵化鶏卵でウイルスを分離し，さらに鶏卵で継代を繰り返すため，原理上変異が起こってしまうことが避けられず，そのため予測が当たったとしても実際の流行株との間に微妙な差が生じます．また，製造に用いる鶏卵は特別な環境で飼育されたもので，ワクチン製造には6カ月かかるため，シーズンに突入してから流行型を特定して製造しても間に合わず，また追加生産も難しいのです．

このような問題を考慮し，3.14.9項で後述するような新たなワクチンの研究開発が精力的に進められています．

■3.14.7　副反応の心配

北里研究所で製造された季節性インフルエンザワクチンについて，市販後調査

表3.13 インフルエンザワクチン接種後の副反応

アナフィラキシーショック	55
蕁麻疹	51
発疹・発赤	385
ADEM	25
ギラン・バレー症候群, ミラー・フィッシャー症候群	24
急性小脳失調症	3
ITP, 血小板減少	9

出荷総数 約9,000万人分（0.5 mL/人換算）ADEM; 急性散在性脳脊髄炎 (acute disseminated encephalomyelitis), ITP; 特発性血小板減少性紫斑 病 (idiopathic thrombocytopenic purpura).
（北里研究所の市販後調査（1994 ～ 2008年）による）

によって副反応のデータがとられています（**表3.13**）．最も多いのは発疹・発赤 です．数日間，接種箇所に腫れぼったさを感じた経験のある人も多いでしょう． ここで報告されている発疹・発赤は肩や肘を越えるさらに重篤なものです． ADEM，ギラン・バレー症候群との因果関係はまだ直接的に証明されてはいま せんが治療方法はあります．他の副反応を含め，接種後に異変を感じたらすぐに 医療機関に相談してください．

■3.14.8 新型インフルエンザとワクチン

ときどき，鳥インフルエンザに関するニュースが報じられます．鳥インフルエ ンザウイルス H5N1 型は家禽に感染してたびたび流行を引き起こし，養鶏場で感 染が拡大すると，ニワトリを大量に殺処分していました．1997 年に香港で流行 した際にはニワトリ-ヒトへの感染が確認され，18 人が感染し6 人が亡くなり ました．このように H5N1 型は宿主を超えてヒトに感染し，死者を出すなど特に 感染力が高く危険なため，高病原性鳥インフルエンザウイルスに分類されていま す．また，2013 年に中国で出現し2018 年に終息した H7N9 型も，高病原性鳥イ ンフルエンザウイルスです．ニワトリとの濃厚接触があった人のうち総計 1,461 人が感染し，551 人が亡くなりました．

一方，豚インフルエンザに関しては，2009 年4 月にメキシコで発生したパン デミックが記憶に新しいものです．わずか1 カ月後には日本でも感染者が確認さ れ，WHO はインフルエンザパンデミックフェーズの最高段階であるフェーズ6

（ヒトからヒトへの感染が世界中に広範囲に拡大している：パンデミック状態），を宣言しました．このウイルスは前述の H1N1 pdm09 型と命名され，それまでのソ連型にとって代わって季節性インフルエンザの H1N1 型として定着しました．

　厚生労働省は，たび重なる H5N1 型の流行をきっかけに，いつ発生するか予測できない鳥インフルエンザパンデミックに備えたワクチン（プレパンデミックワクチン）を 2006 年から製造・備蓄するようになりましたが，近年 H7N9 型の流行が目立っていることをふまえ，2019 年には初めてワクチン株の見直しがなされ，現在は H7N9 型のワクチンが備蓄されています．2009 年の豚インフルエンザパンデミックには備えがなかったため，3 カ月で国内でのワクチン開発・製造体制を整えるとともに，不足分を緊急輸入する政策決定がなされました．しかし，ようやく供給開始した頃にはすでに流行のピークが過ぎており，結局ワクチンを大量廃棄することになりました．仮に H5N1, H7N9 が出現した時に備える備蓄用のワクチンがプレパンデミックワクチンで，新しいタイプのインフルエンザが出現した時に同じ製法で承認を得ることができるプロトタイプワクチンの意味を持っています．

■3.14.9　今後のインフルエンザワクチンの開発

　3.14.6 項で述べたように，現在用いられている季節性インフルエンザワクチンがさまざまな点で限界を抱えているのは事実で，より有効性の高いワクチンの開発が急務です．

　近い将来に日本でも用いられる可能性がある新しいワクチンのひとつに，経鼻噴霧ワクチンがあります．①弱毒生ワクチンのため効果が高い，②ウイルスの感染経路である喉や鼻の粘膜に免疫を誘導できる，③スプレータイプなので痛くない，などの特徴があります．これは 2003 年に米国で認可され，2011 年からはヨーロッパでも使われているもので，安全性の高さは証明済みです．輸入ワクチンとして提供しているクリニックも増えており，また日本国内企業でもすでに臨床研究を終え，国の承認を待つ段階にあります．

　ほかに，鶏卵を使わないワクチン製造も模索されています．同じく 3.14.6 項で述べたように，鶏卵を用いた方法には①時間がかかる，②鶏卵で増やしている間の変異が避けられないなどの問題点がありました．そこで検討が進められてい

るのが細胞培養法で，認可された細胞にウイルスを接種して増やし，これをもとにワクチンをつくる方法です．これは季節性インフルエンザだけでなく，発生を予測できない新型インフルエンザにも迅速に対応できるため注目されています．そのカギとなるのがウイルス培養に用いる細胞で，2022年時点ではメーカー各社が効率よく安価にワクチンを増やせる製造システムを模索している最中です．

また，ユニバーサルワクチンといって，ありとあらゆるインフルエンザウイルスに有効なワクチンの研究も進められており，今後の研究成果に注目が集まります．

3.15　ヒトパピローマウイルス（HPV）ワクチン

娘に受けさせるか迷っています

■3.15.1　ヒトパピローマウイルスとは

パピローマウイルスは乳頭腫（papilloma; 皮膚や粘膜にできる良性の腫瘍，いわゆるイボ）を引き起こす病原体です．乳頭腫はヒトのほか，ウシやヒツジ，ウサギなど多くの哺乳類で古くから知られていましたが，命にかかわらないことから医学的には長い間軽視されてきました．しかし，1907年，乳頭腫がウイルス感染により生じることを裏付ける結果が得られ，1933年にはウサギから初めてパピローマウイルスが分離されました．さらに1935年，ウサギを用いた実験でこの乳頭腫が時に皮膚がんに進行することが明らかになり，これを契機に注目されるようになりました．

ヒトに感染するパピローマウイルスをヒトパピローマウイルス（human papilloma virus: HPV）といいます．HPVと子宮頸がんの関係が明らかになりはじめたのは20世紀後半に入ってからです．それ以前にもヒトの陰部にできるイボからはウイルス粒子が見つかっており，性行為による感染と考えられていましたが，子宮頸がんの細胞からはウイルス粒子が検出されませんでした．しかし，1970年代になって進歩した分子生物学的手法により子宮頸がんや子宮頸がん由来のがん細胞からパピローマウイルスのDNAが検出され，その後の研究で99％の子宮頸がんがHPV感染と関係していることがわかりました．また，現在ではHPVには200種類以上のウイルスが存在することがわかり，そのなかでも2種類（HPV16, 18）が子宮頸がんの原因の70％を占めることも明らかになっています．

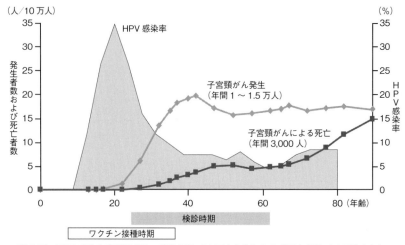

図3.36　HPV 感染と子宮頸がんの発生者数（10万あたり）および死亡者数（10万あたり）
（Program Research Epidemiology of Cancer のデータによる）

■3.15.2　HPV の感染経路と子宮頸がん

　HPV の主な感染経路は性行為で，性行為の経験がある女性のうち 80％以上が一生のうちに一度は感染します．感染しても免疫の働きによって 90％は自然に排除されますが，10％の人で感染が持続し，その一部が子宮頸がんに進展します．皮下組織の抗原提示細胞と接触することが少なく獲得免疫は誘導されにくいために繰り返し感染します．子宮頸がんの発症は 20 歳台から認められ，日本では毎年 1 万人が罹患し，死亡例は 40 歳以降で多く，毎年 3,000 人が子宮頸がんで亡くなっています（図3.36）．子宮頸がん検診で前がん状態（異形成ともいい，高い確率でやがてがんに変化すると考えられる状態）で発見されれば治療によりがんへの進行を予防できますが，前がん状態を予防するにはワクチンで HPV 感染を防ぐことが肝要です．ワクチンの有効率は 50〜70％といわれており，もちろん 100％ではないため，ワクチン接種と検診の二本立てが必要となります．

■3.15.3　HPV ワクチン

　HPV ワクチンには，2 価，4 価，9 価の 3 種類があります（表3.14）．2 価ワクチン（サーバリックス®）は子宮頸がんの主な原因である HPV16，18 に対応したもので，この 2 型に加えて咽頭喉頭がんに関係するとされる HPV6，11 を含むのが 4 価ワクチン（ガーダシル®）です．日本では現在，この 2 種類を定期接

表 3.14 主な HPV ワクチン

価数	商品名	カバーする ウイルス型	アジュバント	発売年	製造元
2	サーバリックス®	16, 18	AS04	2007	グラクソ・ス ミスクライン
4	ガーダシル®	6, 11, 16, 18	水酸化アルミニウム	2006	MSD
9	シルガード®9 （ガーダシル®9）	6, 11, 16, 18, 31, 33, 45, 52, 58	水酸化アルミニウム	2014	MSD

AS04：アルミニウム塩 Al（OH）$_3$ と免疫賦活剤のモノホスホリルリピッド A（MPL）の複合アジュバント

種に用いています．米国などではすでに主流となっている 9 価ワクチン（シルガード®9）が承認され，2021 年 2 月から販売開始されました．これは子宮頸がんの要因となるハイリスクタイプの HPV を 9 種類カバーしており，90％の有効率が見込めるといわれています．2023 年 4 月以降に定期接種となる予定です．いずれも 3 回接種する必要があり，性行為を経験する前の 10 代前半に接種を完了しておくと効果的です．

　日本では 2009 年にサーバリックス®が，2011 年にガーダシル®が承認されたものの，費用が高く（3 回で 5 万円弱）普及が進まなかったため，2010 年から暫定的予算措置による接種緊急促進事業が始まり，接種率は 70％を超えるようになりました．しかし，それから約 1 年後の 2012 年 3 月，慢性疼痛をはじめとする重篤な副反応（詳細は次項）がメディアに報道され，大きな社会問題となりました．2013 年 4 月 1 日には予防接種法で HPV ワクチンが定期接種と定められ，小学 6 年生から高校 1 年生までの女子は全員無料で接種できるようになりましたが，同時に厚生労働省は「積極的な接種勧奨の差し控え」を通達しました．その後，副反応に関する調査・研究が行われた結果，厚労省は副反応として報告されている事例について機能性身体症状（自律神経系のバランスがとれないことによる症状）であるとの見解を示しており，また WHO もワクチンとの因果関係はないと表明しています．

　2020 年には HPV ワクチンの接種率が 1％まで激減しましたが，ワクチン接種群では子宮頸がんの前がん状態の細胞の異形成の頻度も低く，HPV ワクチンの有効性のデータも国内で明らかにされてきました．また，副反応についても HPV ワクチン接種との因果関係は低いことから 2021 年 11 月には勧奨接種の差し控えは撤回されました．2022 年 4 月から接種勧奨が再開され，接種率は少し

ずつ回復しています．

■3.15.4　HPV ワクチン接種後の副反応

　日本で報告されている HPV ワクチンの副反応は，頭痛や倦怠感のほか，慢性疼痛（筋肉痛や関節痛など，接種部位に限らず長期にわたって続く痛み），意識障害（失神），運動障害（手足の麻痺や歩行困難），不随意運動（けいれん），認知機能の低下（学習意欲や集中力の低下）などさまざまです．

　2014 年までに 2 社の HPV ワクチンが約 1,000 万本出荷され，副反応報告は2,475 例（0.02%），そのうち 617 例（0.007%）が重篤な症例でしたが，発熱や失神など一過性のものが大半を占め，慢性疼痛や運動障害など長期にわたるものは 176 例（0.002%，約 10 万接種に 2 例の割合）です．

　これらの副反応について，研究者により以下のような複数の仮説が提唱されました．

1）複合性局所疼痛症候群（CRPS）

　複合性局所疼痛症候群（complex regional pain syndrome: CRPS）は，外傷や術後の痛みから痛みを感じる閾値が下がり，通常は痛みを感じない程度の刺激に対しても激しい痛みを訴えるようになるのではとの仮説が考えられました．骨折などの大怪我後にしばしばみられるもので，ワクチン接種においては注射針の刺激が引き金になり，CRPS を発症するのではないかと考えられています．

2）アジュバント誘発自己免疫疾患（ASIA）

　ワクチンに含まれているアジュバントにはサイトカインを産生して免疫応答を高める作用があります．このサイトカインが自分の身体の構成成分を攻撃する交差反応（自己免疫応答）を誘導することによって神経細胞に対する障害を起こすと考えられています．具体的な症状としては疲労感・倦怠感，記憶障害などがあり，HPV に限らず古くからワクチン接種後に確認されていましたが，アジュバント誘発自己免疫疾患（autoimmune/autoinflammatory syndrome induced by adjuvants: ASIA）という統一的な名称が提唱されたのは 2011 年になってからです．

3）線維筋痛症（FM）

　線維筋痛症（fibromyalgia: FM）は 3 カ月以上にわたり全身に痛みが続き，疲労や倦怠感，意識障害などを伴うこともあります．女性に多くみられ，原因は明らかになっていませんが，身体的・精神的ストレスのほかワクチン接種後に IL-1

β，IL-6 等が起こす炎症性サイトカインもその因子として考えられています.

4) 体位性頻脈症候群（POTS）

体位性頻脈症候群（postural orthostatic tachycardia syndrome: POTS）は，立ち上がった際の血液循環の調節障害により失神やめまいなどを引き起こす起立性不耐症の一種です. 中枢神経系の血流低下にもつながり，メンタルフォグ（思考に霧がかかったような状態. ブレインフォグとも）を起こすこともあります. 思春期にしばしばみられます.

5) マクロファージ筋膜炎（MMF）

マクロファージ筋膜炎（macrophagic myofasciitis: MMF）は，アジュバントに含まれるアルミニウムを貪食したマクロファージが中枢神経系にアルミニウムを運んで炎症を起こし，慢性疲労や倦怠感の症状が出るという説がもとになっています. 根拠とされる動物実験の内容から，ヒトでは簡単に起こらない現象と考えられ，MMF 自体が仮説の域を出ません.

全身の疼痛から記憶障害，学力低下，自律神経障害などの多彩な症状を呈する副反応を HPV ワクチン関連神経免疫症候群（human papillomavirus vaccination associated neuroimmunopathic syndrome: HANS）という新たな疾患単位を提唱する臨床家もいます.

以上のように，ワクチンと直接あるいは間接的に関係する仮説もありますが，思春期の女子によくみられる一般的な症状も多いことがわかります. 実際に，名古屋市の思春期の女性を対象に HPV ワクチン接種歴のある 2 万例と接種歴のない 9,000 例を比較した調査「名古屋スタディ」では，各種症状の発症頻度には差を認めなかったと報告されています（Suzuki, S. *et al*: *Papillomavirus Res.* 2018;5: 96-103）. 国外で実施された同様の調査でも，接種群と非接種群に差は認められていません. 副反応として報告されている事象と HPV ワクチン接種の間に直接的な因果関係はないとする見方が有力です.

3.16　トラベラーズワクチン

観光に行くだけでも必要ですか？

世界中に新型コロナウイルスの感染が拡大しインバウンド（日本に来訪する外国人）もアウトバウンド（外国に出かける日本人）も激減していますが，1990 年代後半から 2019 年まで**図 3.37** のような徐々に増加傾向にありました.

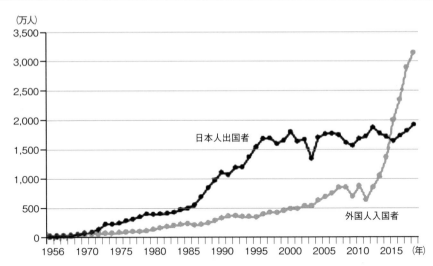

図 3.37　新型コロナウイルス以前の日本人出国者数と外国人入国者数の推移（出入国在留管理庁より）

　トラベラーズワクチンは日本から外国（特に開発途上国）に渡航する人に対し，渡航先で感染する可能性の高い疾患を予防する目的で接種するワクチンです．トラベラーズワクチンは，地域ごとに，また短期旅行者と長期滞在者に分けて考える必要があります．

■3.16.1　短期旅行者向けのトラベラーズワクチン

　通常，3 週間以内の観光を短期と位置付けており，短期旅行者には破傷風（3.11 節参照）と A 型肝炎ワクチン（3.13 節参照）の 2 つが推奨されています．

　破傷風菌は土の中に生息するありふれた細菌で，傷口から感染する可能性があります．破傷風ワクチンは DPT ワクチンとして 1968 年から定期接種のワクチンとなっていて，小学 6 年生までに 4 回の接種を受けており，DT の追加接種も受けているはずです（3.11 節参照）．1967 年以前に生まれた人は受けていないため，合計 3 回（初回接種から約 1 カ月あけて 2 回目，さらに半年から 1 年程度あけて 3 回目）の接種が必要です．少なくとも渡航前に 2 回は済ませていくことが望まれますので早めに準備しましょう．1968 年以降に生まれた人も，最終接種から 10 年以上経っている場合には追加接種 1 回が推奨されています．

　A 型肝炎ウイルスは水や氷，サラダや海産物などの食品に潜んでおり，口にするものに細心の注意を払っていても感染しやすいため，ワクチン接種が勧めら

れています．特に，フィリピン，タイ，インドネシア，台湾，韓国での感染が多いようです．2～4週間隔で2回接種する必要があります（長期滞在の場合は半年から1年後に3回目の追加接種を行います）．

■3.16.2　長期滞在者向けのトラベラーズワクチン

　長期滞在の場合は感染症に罹る可能性が高まるため，より多くのワクチンが接種推奨されます．地域ごとの推奨ワクチンを表3.15に示します．多くのワクチンは3回接種が必要で，2～4週あけて2回接種し，半年から1年後に追加接種が必要です．

　B型肝炎ワクチンはすでに180カ国以上で新生児期に定期接種が実施されていますが，日本では2016年にようやく定期接種に加わったばかりで，ほとんどの成人は受けていないことに注意が必要です．

　狂犬病は世界全体で毎年5万人近くが死亡し，多くはアジア，アフリカで狂犬に咬まれるケースです．イヌだけでなく，アライグマ，コウモリ，キツネなどの野生動物からも感染します．1～3カ月の潜伏期間を経て，発熱，倦怠感，頭痛等の不定愁訴が現れ，続いて意識障害，痙攣等といった神経症状が出現します．発症するとほぼ100％死亡します．野生動物に咬まれるなどして感染の可能性が

表3.15　渡航地域ごとの推奨ワクチン

	破傷風	A型肝炎	B型肝炎	日本脳炎	狂犬病	黄　熱	髄膜炎
東南アジア諸国，中国，インド，韓国	○	○	○	○	○		
中近東	○	○	○		○		
アフリカ	○	○			○	○*1	○*2
東ヨーロッパ	○	○					
西ヨーロッパ，北アメリカ	○						△*2
中央アメリカ	○	○			○		
南アメリカ	○	○	○		○	○*2	
南太平洋	○	○	○		○		
オセアニア	○						

＊1　国によっては入国に際して必要とされる．
＊2　赤道直下の中央アフリカに赴任する際や，アメリカ合衆国で寄宿舎へ入寮する際に要求されることがある．

疑われる場合は一刻も早く複数回ワクチンを打つこと（曝露後ワクチン接種）で発症を抑制できます．日本国内では1956年を最後に発生がありませんが，狂犬病のない国は日本のほかは，英国，北欧，オーストラリア，ニュージーランド，メキシコなどで，世界的にみると非常に稀ですから，事前に接種（GSK社のラビピュール®を0，1，3または4週の3回）をしておくのが安心です．最近では2006，2020年にフィリピンで狂犬にかまれて治療のため帰国したものの亡くなった例があります．

　黄熱は蚊によって媒介されるウイルス感染症で，発熱のほか重症化すると出血を伴います（Ⅱ章参照）．なお，黄熱ワクチンは入国時に国際予防接種証明書（通称イエローカード）と呼ばれる書類を要求される場合があるので，事前に調べておく必要があります．また，イエローカード発行の必要上，黄熱ワクチンは全国の検疫所，国立国際医療研究センターなどごく限られた機関でしか受けられません．

　どの感染症が流行しているかは国によって異なります．海外への長期滞在が決まった場合は滞在先の状況を調べるとともに，必要に応じて医療機関に相談してください．日本渡航医学会（海外渡航時に起こりうる感染症やその他の疾患（高山病やメンタルヘルスなど）を扱う学会）では，認定医がいる病院（トラベルクリニック）をウェブサイトで公開しています．留学時に接種証明書を学校に提出しなければならないこともあり，入学要項などを十分に確認することが肝要です．

■3.16.3　今後の課題

　日本渡航医学会がトラベルクリニックの開設を支援していることもあり，トラベラーズワクチンの認知度は少しずつ上がっていますが，まだ十分とはいえません．また，インバウンド対策もこれからの課題といえます．観光での短期滞在だけでなく，近年では東南アジアからの技能実習生の結核が問題となっており，外国人就労者や留学生を含めた接種歴確認や健康管理が必要です．

Ⅳ章　現在，これからのワクチン

4.1　ワクチンの現状と課題

　ワクチンの起源は 18 世紀末にジェンナーが発明した種痘法です．それから現在まで 200 年余りの間に，さまざまな感染症のワクチンが開発されてきました（Ⅱ 〜Ⅲ章参照）．予防医学にワクチンの果たしてきた役割は計り知れません．一方で，今なお多くの課題が残されているのも事実です．

　そのひとつが，すでに実用化されているものの，有効性と副反応に課題を残しているワクチンの改良です．例えば，現行のインフルエンザワクチンや肺炎球菌ワクチンは有効性に限界があり，改善が望まれています．また，ムンプスワクチンは外国で使用されているワクチンよりも無菌性髄膜炎の頻度が高いことから定期接種のワクチンから外されています．HPV ワクチンのように，いったん定期接種に定められたあとに副反応（副反応疑いを含む）により定期接種から外されたり，勧奨接種が一時中断されたりするものもあります．こうしたワクチンについては，副反応の検証や，より安全な，もしくは効果の高い別のワクチン開発が進められており，インフルエンザやムンプスは，近い将来に現行のワクチンとは異なる剤型のワクチンも導入される見通しです（個別のワクチンに関する動向はⅢ章を参照）．

　これとならんで重要な問題に，いまだワクチンが開発されていない重要な感染症があることが挙げられます．主に幼児が感染し，保育所などでしばしば流行が発生する RS ウイルス（respiratory syncytial virus: RSV）感染症や，生ガキなどから経口感染するノロウイルス感染症のほか，蚊が媒介するジカ熱やデング熱など，ワクチンの誕生が待望されている感染症は数多くあります．また，かつては不治の病といわれ，最近になって治療薬によるコントロールが可能になったエイズ（後天性免疫不全症候群（acquired immuno-deficiency syndrome: AIDS, HIV（human immuno-deficiency virus）感染による）も，ワクチン開発が期待されます．

　また，新型コロナウイルス感染症（COVID-19）のように，これまで存在しな

かった新たな感染症が出現することもあります．COVID-19 のワクチンは，関係者の努力によってかつてないスピードで開発・実用化され，一定の効果がみられています．しかし，開発から時間が経っていないため，まだ明らかでない部分も残されており，それゆえ不安をおぼえる人も多いと思いますし，これから検証・改良が必要であることは確かです．そして，今後また別の新興感染症が発生した際には COVID-19 の経験を生かして迅速なワクチン開発ができるよう専門家たちは準備を整えておかねばなりません．

　本章では「現在，これからのワクチン」と題して，今ワクチンに何が求められているのか，ワクチンは今後どうなっていくのか，を解説していきます．

4.2　開発が期待される主なワクチン

　まずは日本人にとって比較的身近な感染症である RS ウイルス，ノロウイルスについて，その疫学とワクチン開発状況を紹介しましょう．

■4.2.1　RS ウイルスワクチン

　RS ウイルス（RSV）は 2 歳までにほとんどの子どもが罹患します．風邪とほとんど変わらないような軽症で済む場合もありますが，重症化することもあり，乳幼児の肺炎，細気管支炎の主要原因となっています．ヒトが生涯にわたって繰り返し感染するごくありふれた病原体で，成人の場合はおおむね風邪と変わらない症状で済みますが，基礎疾患や高齢により免疫能が低下している場合は重症化リスクがあるので注意が必要です．保育所や学校，病棟，高齢者施設などでしばしば集団感染が発生し，乳幼児を経由して家庭内で感染が広まるケースもあります．日本では冬季に流行がみられますが，ここ 10 年ほどは夏季の報告例も増えています．

　RSV は 1956 年に発見され，半世紀以上にわたりワクチン研究が進められているものの，実現には至っていません．心奇形，低出生体重児で肺機能が未成熟かつ / または肺疾患を持っている児が RSV に感染すると重症化して死亡に至るため，RSV の外側に存在する F 蛋白質に対するヒト化モノクローナル抗体が開発され，ワクチンの代わりとして予防的に投与されているのが現状です．しかしこの製剤は高価なため保険適用対象が限られており，ワクチンの実現が待望されます．

　RSV ワクチン開発において高いハードルになっているのが，1960 年代に開発された ホルマリン不活化ワクチンの失敗です．治験で接種群 31 人にホルマリン不活化 RSV ワクチン，コントロール群の 40 人に不活化パラインフルエンザワクチンが接種されました．RSV ワクチン接種群ではその後の RSV 感染で 80%が入院し 2 人が亡くなるという痛ましい事故が起こりました．一方，コントロール群の入院は 2.5%で死亡例はありませんでした．これは，抗体依存性感染増強（antibody-dependent enhancement: ADE，本来は病原体から体を守る働きをするはずの抗体が，かえってウイルス感染を促進してしまう現象）によるものと結論付けられました．ADE は RSV に限らず，SARS（severe acute respiratory syndrome; 重症急性呼吸器症候群），MERS（middle east respiratory syndrome; 中東呼吸器症候群）などさまざまなウイルス感染症で報告されており，だいたいのメカニズムはわかっていますが（p.191 参照），どうしたらその発生を防げるか？　を解明するのが今後の課題です．また，ホルマリン処理でワクチンの主成分が変性してしまい効果が限定的であるといった知見がその後の研究で得られたことから，ホルマリンを使わない別の不活化ワクチン，弱毒生ワクチンなどさまざまなワクチンが検討され，すでに数十種類ものワクチンが臨床試験段階に進んでいます．

　RSV ワクチン開発戦略を図 4.1 に示します．前述の通り，RSV 感染の機会が多く重症化リスクの高い新生児・乳幼児をワクチンで守ることが大切です．新生

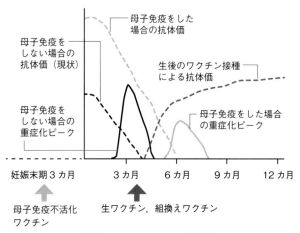

図 4.1　RSV ワクチン開発戦略
（Shaw, C.A. *et al.*: The path to an RSV vaccine. *Curr Opin Virol.* 2013;3(3):332-342 を一部改変）

児は母体から受け継がれる移行抗体がありますが，RSVは大きく分けてA型とB型があり，年によってどちらが流行するかが異なるうえに，頻繁にウイルス変異を繰り返します．そのため移行抗体の効果が持続しづらいという事情があります．特に，早期産児では母体からの移行抗体が不十分で，RSVに感染すると重症化する恐れがあります．しかし，生後間もなくワクチンを打っても抗体が産生されにくく十分な効果が得られません．そこで，妊娠末期の3カ月間に母親にワクチンを接種することにより移行抗体価を高めて生後6カ月ごろまで持続させ，RSV感染症の重症例ピークがみられる生後3〜4カ月をカバーするという目論見です．妊娠中は生ワクチンを接種できないため，母子免疫用不活化ワクチンの開発を目指して研究が進められています．これまでに脂質ナノ粒子ワクチン[*1]という新しいタイプのワクチンが開発されています．高齢者や妊婦で臨床試験が行われつつあり，結果が期待されるものもあります．

　しかし，母子免疫を行ったとしても生後6カ月を過ぎると移行抗体はほとんどなくなり，再び重症化のピークが生じると考えられるため，生後4〜6カ月にもう一度接種することで免疫能を誘導し，その後の感染をコントロールできれば理想的です．生後3カ月を過ぎて接種するワクチンとして，生ワクチンが研究されています．出生前の母子免疫には不活化ワクチン（液性免疫を誘導），出生後は生ワクチン（細胞性免疫を誘導）と使い分けることによって，RSVに対するバランスのとれた免疫を獲得できる狙いです．生ワクチンの研究も進められていますが，有効なワクチン候補株が樹立されていないのが現状です．これ以外に新型コロナウイルスワクチンと同じしくみのmRNAワクチンをモデルナ社（米国）が開発しているほか，ウイルスベクターを用いたワクチンも検討されています．このワクチンが実現すれば，高齢者や基礎疾患がある人にとっても助けとなるはずです．

　RSVワクチンの開発には困難が多く，実現にはまだ時間がかかる見込みです．RSVは，感染している人の咳やくしゃみなどの飛沫によって，もしくは鼻水や唾液に触れることで感染します．ごくありふれたウイルスなので完全に避けることはできませんが，新型コロナウイルスと同じく手洗いや消毒で予防に心がけることが大切です．早期産児や基礎疾患のある児は，流行期前〜流行期間中に前述

＊1　脂質ナノ粒子ワクチン（lipid nano-particle vaccine）は，細胞膜と同じ脂質という物質でつくられたナノメートルサイズの粒子の中にワクチン成分を入れてヒトに投与する新しいタイプの不活化ワクチンです．RSVのナノ粒子ワクチンはRSVのF蛋白を遺伝子操作で人工的に作製してナノ粒子に入れたもので，ノババックス社により開発が進められています．

の抗体製剤を月に1回筋肉注射で投与することによって一定の予防効果が得られるため，主治医の提案に従いこれを受けてください．

■4.2.2 ノロウイルスワクチン

　小児の胃腸炎および下痢症の主要な原因ウイルスとして知られるロタウイルスのワクチンは，2020年10月に定期接種に導入されました（詳しくは3.7節を参照）．それ以降，重症下痢症による入院例は減少しています．ロタウイルスと同様に腸管に感染し胃腸炎や下痢を引き起こす病原体として，ノロウイルスがあります．このウイルスはすべての年齢層に感染し，開発途上国の小児を中心に，世界中で年間20万人近くが死亡しているといわれています．

　ノロウイルスに汚染された水（井戸水など）を消毒せずに飲料や調理に用いたり，ノロウイルスに汚染されている牡蠣などの二枚貝を生あるいは加熱不十分のまま食べたり，ウイルスに汚染された調理済み食品を食べたりすることで経口感染します．さらに，感染者の吐瀉物や便などを処理する際にウイルスが手に付着し，その後の消毒が不十分だと経口感染します．また，吐瀉物から飛散したウイルスを知らず知らずのうちに吸入することで空気感染します．

　ノロウイルス感染症は年間を通して発生し，特に11月から翌年3月までの冬場にかけて発症例が増加します．ノロウイルスの警戒すべき点は不顕性感染です．その割合は10〜50％といわれており，調理従事者や保育士などがノロウイルスに感染したことに気がつかないまま，学校や保育所などで集団感染を引き起こすケースがしばしばあるため，ワクチンの開発が待たれています．

　ノロウイルスは，その遺伝子型によってGI〜GVの5群に分類され[*2]，このうちヒトに感染するのはGI，GII，GIVの3つです．ノロウイルスを細胞培養や実験動物に感染させる試みがなされてきましたが，いまだに成功していません．これがノロウイルス研究の障壁となっており，ワクチン開発は道半ばです．ノロウイルスワクチン開発のカギを握る技術と目されているのがウイルス様粒子（virus-like particle; VLP，中空ウイルス粒子）です．ウイルスは遺伝情報を担うDNAもしくはRNAがカプシド（外殻蛋白質）によって包まれた構造をしています[*3]．VLPはDNAやRNA遺伝子を持たない「張り子」のようなもので，しかもヒト

[*2] 実際には，さらにさまざまな観点から詳細に分類がなされています．
[*3] ウイルスによっては，さらに外側にエンベロープと呼ばれる構造があるものも存在します．

に接種すると免疫を誘導できることから，HPVワクチンのサーバリックス®およびガーダシル®に応用されています．1990年代に米国のメアリー・エステスがノロウイルスのVLP作製に成功しており，日本の武田薬品工業によってGI.1型およびGII.4型の2種類のVLPを使ったワクチンが開発されたものの，単独では免疫原性が低いため，安全で効果の高いアジュバントが模索されています．

　RSVワクチンと同様，ノロウイルスワクチンも実用化までもう少し時間がかかりそうです．調理・食事の前，トイレの後，乳幼児のおむつ交換後には入念に手を洗い，下痢や嘔吐の症状がある場合には調理作業をしないことが肝要です．なお，アルコール消毒液にはウイルスのエンベロープを破壊する効果があり，COVID-19の予防に用いられていますが，ノロウイルスはエンベロープがないのでアルコールによる消毒効果はありません．石鹸など洗浄剤を使って物理的にウイルスを洗い流すことが有効な予防手段です．ノロウイルスに対しては次亜塩素酸ナトリウム水溶液が有効で，市販の塩素系漂白剤を50倍ぐらいに薄めて使用します．

4.3　これからのワクチン開発

■4.3.1　ワクチン開発の新しい方向性

　4.2節で紹介したRSウイルスやノロウイルスのほかにも，デングウイルス，ジカウイルス，サイトメガロウイルス，β溶血性レンサ球菌など，ワクチン実現に至っていない病原体が数多くあります．また，今回の新型コロナウイルスの登場で痛感しているように，今後また新しい病原体が突如誕生して猛威をふるう可能性があり，未知の病原体を早期に解明しワクチン開発につなげる準備を整えておかなければなりません．これからのワクチン開発はどのような方向性で進められていくのでしょうか．

　まず，ワクチン開発のプラットフォームを整理しましょう（表4.1）．I章で述べたように，ワクチンは生ワクチンと不活化ワクチンに大別されます．近年ではバイオテクノロジー，ゲノム関連技術のめざましい進歩によって，従来とは違う全く新しいタイプの不活化ワクチンや生ワクチンが登場しつつあります．

　既存のタイプのワクチンについてはI章で解説した通りですので，ここでは比較的新しいワクチン開発の方向性について取り上げます．今，新規ワクチンのプ

表4.1 ワクチン開発のプラットフォーム

生ワクチン	①従来型の弱毒生ワクチン（麻しん，風しん，ムンプス，水痘，黄熱など）　ヒト以外の動物細胞で継代，低温馴化株の樹立 ②ヒト以外の動物に感染する近縁のウイルスを用いる（BCG，ロタウイルス） ③遺伝子組換えワクチン 　1) 非増殖型ウイルスベクター（1回感染するが増殖できない）：センダイウイルス，アデノウイルス，レンチウイルス 　2) 増殖型ウイルスベクター：既存のワクチンウイルスとして，ワクシニアウイルス（MVA，LC16m8），麻疹ウイルス，その他（パラインフルエンザウイルス）
不活化ワクチン （アジュバントが必要か）	①全粒子不活化ワクチン（日本脳炎，A型肝炎，狂犬病など） ②サブユニットワクチン（精製病原因子） 　病原体より分解・精製：インフルエンザ，Hib，肺炎球菌など 　**遺伝子組換え蛋白：帯状疱疹，HPV** ③トキソイド（破傷風，ジフテリア） ④蛋白精製：ウイルス様粒子（VLP）（B型肝炎，HPV，百日咳，帯状疱疹，Hib，肺炎球菌） ⑤新規のプラットフォーム 　DNA，**mRNA**ワクチン，lipid nano-particle（脂質ナノ粒子）

太字は新型コロナウイルスワクチンとして新規に開発されたプラットフォーム.

ラットフォームとして特に期待を集めているのが，1) サブユニット，VLPのように遺伝子操作によって作製した蛋白質をワクチン成分に用いる「組換え蛋白ワクチン」，2) ウイルスの設計図である遺伝子（DNA，mRNA）をもとに作製する「核酸ワクチン」，3) 安全性の確立されているウイルスをベクター（運び屋）として利用する「遺伝子組換えワクチン（ウイルスベクターワクチン）」の3つです.

1) 組換え蛋白ワクチン

　組換え蛋白ワクチンは不活化ワクチンの一種です. 不活化ワクチンで最も歴史があるのが，ウイルスをホルマリンで処理して感染力を失わせた全粒子不活化というタイプであるのに対し，遺伝子操作技術の進歩とともに登場したのがこの組換え蛋白ワクチンです. VLPワクチンとしてはB型肝炎ワクチンやHPVワクチンのサーバリックス®およびガーダシル®があり（Ⅲ章参照），サブユニットワクチンとしては帯状疱疹ワクチン（シングリックス®）が2020年1月に実用化されるなど，徐々に増えています. また，4.2節で紹介したようにRSVのサブユニットワクチン，ノロウイルスのVLPワクチンが開発途上にあります.

2) 核酸ワクチン

　核酸ワクチンも不活化ワクチンに分類され，用いる核酸（遺伝子）によって DNA ワクチン，mRNA ワクチンの２つがあります．遺伝子，つまりウイルスを特徴付ける蛋白質の設計図を人体に接種すると，細胞に取り込まれて蛋白質がつくられ，それをもとに体内で抗体がつくられることによって免疫ができるしくみです．2020 年に実用化された新型コロナウイルスワクチンのうち，世界中で主流となっているファイザー社（米国）とモデルナ社（米国）のワクチンはこの mRNA ワクチンです．新型コロナウイルスワクチンについては，本章の後半で詳述します．

3) 遺伝子組換えワクチン（ウイルスベクターワクチン）

　遺伝子組換えワクチン（ウイルスベクターワクチン）は，標的ウイルスを特徴付ける蛋白質の遺伝子を，すでに安全性が確かめられている別のウイルスの遺伝子に組み込んで人体に接種するというもので，その原理から生ワクチンの一種として扱われます．核酸ワクチンと同じく，細胞にベクターウイルスが感染することで蛋白質を産生し，これをもとに免疫ができるというわけです．これには感染した細胞で増殖するタイプと一度感染するが増殖しない非増殖型のタイプがあります．3 番目の新型コロナウイルスワクチンとして導入されたアストラゼネカ社（英国）のワクチンは，この非増殖型ウイルスベクタータイプです．ウイルスベクターは，新型コロナ以前からがんの遺伝子治療にも応用され，ワクチンへの利用が検討されていたものの，健康なヒトへ使用された例がほとんどないため安全性に慎重な姿勢が示されていました．新型コロナウイルスの世界的パンデミックが，ウイルスベクターワクチンの実用化を後押しする形になったというわけです．しかしアストラゼネカ社のワクチンは接種後の血栓症が副反応として報告されており，日本では 40 歳以上への接種に限定されているのが現状です．

■4.3.2　従来型ワクチンの進展

　既存のタイプのワクチンにも技術の進歩によって新しい動きがみられます．例えば不活化ワクチンの場合，かつては感染防御抗原（病原体を特徴付ける蛋白質）を手探りで見つけ出し，これを不活化および精製して作られていました．しかし近年では，病原体の遺伝子解析によって 100〜200 の抗原候補をピックアップし，ヒト血清を使った実験で有力候補を絞り込んでから動物実験で免疫原性を検討す

るという新しいルートでのワクチン開発が主流となりつつあります．これを，逆ワクチン学（reverse vaccinology）といいます．網羅的な抗原探索よりも効率が良く，研究費用や開発期間を大幅に削減できるのはもちろん，動物実験を最小限にとどめることができる利点もあります．

　生ワクチンにも，遺伝子工学の進歩により新しい技術が導入されはじめています．その先駆けとなったのが2012年に登場したロタウイルスワクチンのロタテック®です．ロタウイルスは自然界でもヒトのウイルスと動物のウイルス間で組換えウイルスができており，ロタテック®はウシに感染するロタウイルスとヒトのロタウイルスを細胞に同時感染させて，その表面にヒトロタウイルス抗原を発現しているウイルスを選択したもので，キメラウイルスワクチンというタイプのワクチンです．これと同様の原理で，人為的に黄熱ワクチン（生ワクチン）の遺伝子を組み換え，表面にデングウイルスの抗原を発現させたキメラワクチンが2015年に開発されました．事前の臨床試験では発症予防効果は35%と低かったのですが，重症化予防効果は88.5%と高かったため認可されました．しかし，早速このワクチンを導入したフィリピンでは，ワクチン接種者がデングウイルスに感染して重症化し死亡する例が相次いで報告され，RSVワクチンの失敗と同様にADEの可能性が明らかになりました．現在，このワクチンは使用中止となっています．

　黄熱の生ワクチンは長年にわたって多くの子どもたちに接種されており，その効果と安全性は十分に証明されています．そのワクチンウイルスを基盤として開発されたデング熱ワクチンは，理論的には有効で安全なのですが4.2.1項で述べたようにADEの詳細なメカニズムが明らかになっていないこともあり，安全なデング熱ワクチンの登場はまだ先になるでしょう．もちろんフィリピンで起きたこの出来事は，黄熱ワクチンや他の生ワクチンの危険性を示すものではありません．

■4.3.3　日本の新規ワクチン開発への姿勢

　これまで紹介してきた通り，世界中で精力的に新規ワクチン開発が進められています．一方，日本ではⅠ章でも述べた通り既存のワクチンの副反応が社会問題化したこともあって，海外で開発された新規ワクチンの導入すら躊躇する時代が長く続いていました．必然的に新しいワクチンの開発にも消極的で，国内のごく一部の研究機関でしか行われてきませんでした．

　世界に後れをとってきたもうひとつの理由として，新興感染症の流行に直面してこなかったことが挙げられます．21世紀に入ってから2002年のSARS，2012年のMERS，2014年のエボラ出血熱，2015年のジカ熱と，世界各地で新興感染症が相次いで起こり，感染拡大の抑制にワクチンが必須だということが改めて強く意識される機会となりました．SARSとMERSに対しては有効なワクチンが開発されたものの，その時にはすでに流行が自然終息しており，ワクチンが一般に使用されることはありませんでした．この経験から，新興ウイルスの遺伝情報が得られたらすぐにワクチン開発に着手できるような研究基盤が重要視されるようになり，欧米では大学の研究室だけでなくベンチャー企業も加わって継続的に研究が行われてきました．幸いなことに日本ではこれらの流行が対岸の火事であったため，危機感を抱くには至りませんでした．こうした状況下で出現したのが新型コロナウイルスです．

4.4　新型コロナウイルスの登場

■4.4.1　パンデミック発生の経緯

　2019年12月に中国の武漢で急性肺炎の流行が確認されました．電子顕微鏡所見と塩基配列から2002年に出現した重症急性呼吸器症候群（SARS）に近縁のウイルスとわかり，そのウイルスはSARS-CoV-2と命名され，感染症はCOVID-19と呼ばれることになりました．

　我が国では2020年1月中旬に武漢に滞在歴のある感染者が初めて報告され，2月にはクルーズ船の集団感染が話題になりました．我が国だけでなく世界中に感染が拡大し，WHOは2020年3月11日にパンデミック宣言を出しました．4月上旬には毎日全国で数百例の新規感染者，数十人の死亡例が報告されるようになり，4月7日に7都府県で緊急事態が宣言されました．さらに17日からは対象が全国に拡大され，外出自粛が呼びかけられました．5月に入ると減少傾向が続き，5月25日には全ての都道府県で緊急事態宣言が解除となり，段階的に制限が緩和されました．

　宣言解除とともに人々の活動は活発になり，6月下旬から感染者数が再び増加傾向にあるなか，7月22日から経済活動の復興を狙ったGo Toキャンペーンがはじまると，間もなく第2波に突入し8月上旬にピークを迎えました．その後も

連日 500 例前後の新規感染者が報告され，10 月末には国内での累計感染者が 10 万人に到達し，死亡者数は累計 1,700 人となりました．

11 月に入ってからも感染拡大に歯止めがかからず，連日 2,000 例の新規感染者が報告され第 3 波が始まり，2021 年 1 月には 2 回目の緊急事態宣言が発出されました．自粛要請で患者報告数は低下するも，新入学や就職で人々の流れが増えたことによって 3〜4 月に第 4 波を形成し，大型連休を見据えて 4 月 25 日〜5 月 11 日までの期間に 3 回目となる緊急事態宣言が，東京，大阪，兵庫，京都の 4 都府県に発出されました．この宣言は対象地域に愛知・福岡を加えて 5 月末日まで延長され，最終的には対象地域を 10 都道府県に拡大して 6 月 20 日に沖縄県を除きようやく解除されました．

しかし，東京都の感染者数は高止まり傾向が続き，7 月 12 日には東京都に 4 回目の緊急事態宣言が発出されます（沖縄は 3 回目の宣言から継続）．この時の宣言は 8 月 22 日に解除となり，東京オリンピックは全日程が宣言下での開催となりました．この期間の流行を一般に第 5 波として扱います．

2021 年の秋から年末にかけては小康状態が続きました．2021 年 2 月 17 日から医療従事者，次いで高齢者へとワクチン接種が開始され，秋までに一般の人々にも接種機会が行き渡ったことが奏功したものと考えられます．年末で会食の機会が増えたためか 2022 年に入って間もなく，感染力が強く変異したオミクロン株の流行から感染者数が急激に増加し，流行の第 6 波が形成されました．その後，第 7 波，第 8 波と感染は拡大と縮小を繰り返しています．2022 年 12 月までに日本ではのべ約 2,500 万人が感染し，5 万人以上が亡くなりました．世界全体でみると 6 億 4,000 万人が感染し 660 万を超える人が亡くなっています（**図 4.2**）．

■4.4.2 コロナウイルスとは

"コロナ" はいまや新型コロナウイルスの通称として定着していますが，そもそもコロナウイルスとは，表面に突起（スパイク）のある王冠のような形態のウイルスの総称で，ラテン語で冠を意味する corona に由来します．このスパイクが細胞表面のウイルス受容体であるアンジオテンシン変換酵素（angiotensin-converting enzyme: ACE）に結合し，細胞に取り込まれます．その後，細胞膜と融合することで感染し，遺伝子が細胞内に侵入し遺伝子を複製し，体内で増殖するというしくみです．約 1 万年前には，すでにコロナウイルスの始祖が出現し

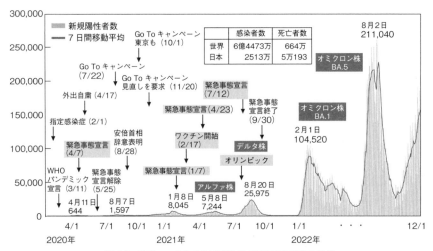

図 4.2　新型コロナウイルス感染症の国内発生動向と対策
（厚生労働省 報告日別新規陽性者数 令和 4 年 12 月 3 日 0 時時点 https://www.mhlw.go.jp/stf/covid-19/kokunainohasseijoukyou.html より）

ていたとされています．もともとは動物に感染して重症の感染症を起こすウイルスだったのが，人間が動物を家畜として利用するようになったことにより，ヒトにも感染するようになったと考えられています．

　コロナウイルスは 1960 年代に英国のジューン・アルメイダによって発見されました．グラスゴーのバス運転手の娘として生まれた彼女は家庭が貧しく，16歳で中学校を卒業したあとグラスゴー王立病院で病理検査技師として働き始めます．結婚してからカナダのオンタリオ癌研究所に移り，抗体を使ってウイルスを凝集させ染色する方法を開発します．その後，英国に戻って呼吸器ウイルスの大家であるデイビッド・タイレルと共同研究を進めるなかで，ある時，風邪の子どもから採取したサンプルを電子顕微鏡で観察していて特徴的な形状のウイルスを見つけます．これを論文として投稿するも，当初はインフルエンザウイルスではないのかと受理されませんでした．しかし，趣味のカメラを活かして良質の画像を得ることに専念し，ついに 1964 年にコロナウイルスの存在が認められるに至りました．

　コロナウイルス*4 は風邪の原因ウイルスの一種として認識されたものの，重

─────────────

＊4　ヒトコロナウイルス（風邪のウイルス）は，α corona virus（229E, NL63），β corona virus（HKU1, OC43））の 4 種類があります．

表 4.2 主なコロナウイルス感染症の状況

SARS （重症急性呼吸器症候群）	2002 年 11 月，中国広東省で重症肺炎が流行．香港のホテルからスーパースプレッダーを介して世界中に感染が拡大．2003 年の 7 月に終息 感染者 8,098 人，死者 774 人（致死率 9.6%）
MERS （中東呼吸器症候群）	2012 年 9 月，サウジアラビアでヒトコブラクダからヒトに感染．韓国をはじめ医療施設で感染が拡大．現在も感染者が発生している． 感染者 2,494 人，死者 858 人（致死率 34.4%）
COVID-19 （新型コロナウイルス SARS-CoV-2 感染症）	2019 年より急性肺炎の流行．2020 年 3 月 11 日にパンデミック宣言．全世界の感染者は 5 億人を超え，死者は 600 万人超になろうとしているが，いまだ終息していない．致死率 1.14%．（いずれのデータも 2022 年 7 月現在）日本では 2022 年 7 月現在，感染者 1,000 万人以上，死者 3 万人を超えている．

大なウイルスとは考えられてきませんでした．しかし 2000 年以降，コロナウイルスを原因とする新興感染症が相次いで発生しました．2002 年 11 月に中国広東省で発生した重症急性呼吸器症候群（SARS），そして 2012 年 9 月にサウジアラビアで発生した中東呼吸器症候群（MERS）です．これらに次いで登場し，未曽有のパンデミックを引き起こしたのが今回の新型コロナウイルスです（**表 4.2**）．

　コロナウイルスの自然宿主はコウモリで，ヒトへの感染を媒介する中間宿主は SARS がハクビシン，MERS はヒトコブラクダと考えられています．新型コロナウイルスの中間宿主は複数ある可能性が示されていますが，まだ見つかっていません．

■4.4.3　新型コロナウイルスの感染メカニズム

　新型コロナウイルス（長径 100 nm（ナノメートル））は感染者の咳やくしゃみからの飛沫に含まれていて，これを呼吸とともに吸い込むことでエアロゾル感染[*5]するため，マスクを着用して密閉・密集・密接（いわゆる三密）を避けることが大切です．また，感染者の飛沫が周囲の物に付着し，それに触れた手で口や鼻を触ることによっても感染するため，アルコールによる消毒も効果的です．

　新型コロナウイルスに感染すると平均 5 日（1〜14 日）の潜伏期間の後，いわゆる風邪と同じように発熱や喉の痛み，咳，鼻水などの症状が現れます．このウイルスは肺胞上皮細胞に感染し，肺胞構造が崩れて肺炎を起こします．肺炎が悪化するとガス交換ができなくなるため，酸素投与や人工呼吸器の導入が必要となり

＊5　直径 5 μm 以下の飛沫は飛沫核といい，大きさを問わず飛沫全般をエアロゾルといいます．空気中に 3 時間ほど浮遊するとされ，新型コロナウイルスは直径 0.1 μm 程度です．

ます．さらに肺胞マクロファージに感染するとサイトカインを産生して炎症部位には好中球が遊走し炎症反応が進みます．集まってきた好中球は自己融解し炎症性サイトカインを産生してサイトカインストームを起こし，全身症状が悪化します．

　新型コロナウイルス感染症の根本的な治療法はまだ見つかっていませんが，世界的に感染が拡大するなか，脚光を浴びたのが抗ウイルス薬のレムデシビルです．もともとはエボラ出血熱のための治療薬として開発されたもので，新型コロナウイルス感染症の重症例に対する大規模ランダム化比較試験において，死亡率では有意差はなかったものの回復までの期間を早めたことから，2020年5月1日に米国において重症入院例への緊急使用が承認されました．5月7日には我が国でも承認され，実際に重症患者の治療に用いられています．また，既存のステロイド性抗炎症薬であるデキサメタゾンは，オックスフォード大学による臨床試験でCOVID-19の患者約2,000例に投与され，人工呼吸器が必要な重症患者の死亡率は約35％，酸素吸入を受けている患者の死亡率は約20％減少したことが報告されました．この結果を受け，日本でも2020年7月21日にCOVID-19の治療薬として認可されています．重症例に対する治療薬のみならず感染初期の軽症例に対して重症化予防の目的で投与する抗体医薬が開発されました．また，発症早期に経口投与できる特異的な抗ウイルス薬も承認され，2022年11月に国産としては初めて緊急承認されました．

4.5　新型コロナウイルスとそのワクチン

　2020年12月8日，世界で初めて新型コロナウイルスワクチンの接種が行われました．最初に接種を受けたのはマーガレット・キーナンという90歳の英国の女性でした．これを皮切りに世界各国でワクチン接種が開始され，日本では2021年2月17日に医療従事者約4万人を対象に接種開始した後，高齢者から順に徐々に対象が広げられていきました．中国の武漢でCOVID-19の流行が確認されてからたった1年という稀にみるスピードで実用化にこぎつけた新型コロナウイルスワクチンはどのように開発されたのか，どういうメカニズムなのか，本節で解説します．

■4.5.1　ワクチン抗原の選択

　新型コロナウイルスの感染メカニズムを調べ，治療法やワクチンを開発するためにまずウイルスが分離され，遺伝子構造，全塩基配列，スパイク蛋白の機能ドメインが解析されました．これにより SARS と近縁のウイルスであることがわかり，SARS をモデルに感染メカニズムの解明が行われました．その結果，新型コロナウイルスのスパイク蛋白は S1 と S2 の 2 つのサブユニットに分かれており，S1 領域に受容体結合領域（receptor binding domain: RBD）が存在し，これが細胞側の ACE2 と結合することでヒトに感染するというメカニズムが明らかになったのです．

　新規ワクチン開発の出発点は抗原の選択にあります．新型コロナウイルスの場合，スパイク蛋白 S1 ドメインが感染の時に働いていることがわかり，ワクチン抗原として選ばれました．スパイク蛋白（抗原）に対する抗体をワクチン接種により体内につくっておくことで，実際にウイルスが侵入した際に外殻のスパイク蛋白に抗体が結合し，感染防御が期待できるという原理です．

■4.5.2　プラットフォームの選択

　抗原が決まったら，どのタイプでワクチンを開発するかを決めます（プラットフォームの選択）．不活化ワクチンのうち近年主流となっている組換え蛋白ワクチン（4.3.1 項参照）は，抗原である蛋白質を大量につくって精製する必要があるため，開発にも製造にも時間がかかります．一刻も早く世界中にワクチンを行き渡らせたい新型コロナウイルスパンデミックには適しません．

　そこで選ばれたのが，抗原蛋白質の設計図（遺伝子）をヒトに接種するという最新のワクチン開発プラットフォームです．全ての生き物は，自身をつくるための全設計図を細胞核に染色体 DNA として持っていて，DNA から mRNA（メッセンジャー RNA）に転写されたのち，細胞内の蛋白質工場であるリボソームという部分に運ばれ，設計図に基づいて蛋白質が産生されます．この DNA → mRNA →蛋白質の普遍的な流れ[6] を分子生物学のセントラルドグマといいます（**図4.3**）．抗原蛋白質の遺伝子（DNA もしくは mRNA）を人体に接

---

[6]　セントラルドグマが提唱された後，一部のウイルスでは mRNA → DNA という逆ルートが存在することが明らかになっています．例えば，ヒト免疫不全ウイルス（HIV）はこうした機能を持つ逆転写酵素を持っています．

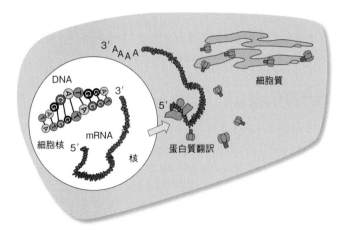

図 4.3　分子生物学のセントラルドグマ
ヒトが生命活動を営むのに重要なもののひとつが蛋白質であり，細胞の核に DNA
で構成される染色体遺伝子が入っている．DNA からメッセンジャー RNA（mRNA）
が合成され，細胞質で蛋白質が合成される．

種すると，これを受け取った細胞が抗原蛋白質を産生し，続いてこれに対する抗
体が体内で産生されることによって免疫がつくというメカニズムです．蛋白質と
違って DNA や mRNA は迅速かつ大量に化学合成して製造できるメリットがあ
ります．

　さて，遺伝子を用いたワクチンには前述の通り，①ウイルスベクターワクチン
と，②核酸ワクチンがあり，前者は生ワクチン，後者は不活化ワクチンに分類さ
れます．さらに，後者には用いる核酸の種類によって DNA ワクチンと mRNA
ワクチンがあり，DNA ワクチンは安定していますが mRNA ワクチンは体内に
存在する RNA 分解酵素により分解されやすいため，脂質ナノ粒子の中に包み込
む方法がとられているという違いがあります．現在，日本で承認されている遺伝
子配列に基づいた新型コロナウイルスワクチンは，アストラゼネカ社のウイルス
ベクターワクチンと，ファイザー社およびモデルナ社の mRNA ワクチンの計 3
種類です．ウイルスベクターワクチンには増殖型と非増殖型ベクターがあります．
増殖型のベクターは体の中で増えるので強い免疫応答を誘導できますが，非増殖
型ベクターは細胞に 1 回感染するだけで，増えることはありません．アストラゼ
ネカ社以外にもジョンソン・エンド・ジョンソン社（米国）のものをはじめ国内
未承認のウイルスベクターワクチンがいくつかあります．DNA ワクチンは米国

表4.3 ワクチンの種類と性質

	mRNA	ウイルスベクター	DNA
長所	体内に長く残らない. 核に移行しないので安全性は高い. 早く製造できる.	エボラウイルスのワクチンでの使用実績がある.	製造コストが安く大量に製造できる. 常温で保存できる.
短所	感染症に対する実績がない. 分解されやすいので脂質ナノ粒子が必要.	ウイルスベクターシステムの開発に時間がかかる. 接種前の抗体で効果が減弱する. DNAに組み込まれる可能性がある.	投与には特別の機器が必要. DNAに組み込まれる可能性がある.
ワクチン開発	ファイザー（米国）, モデルナ（米国）	アストラゼネカ（英国）, ジョンソン・エンド・ジョンソン（米国）, カンシノバイオ（中国）, ガマレヤ（ロシア）	イノビオ（米国）

我が国では, mRNAワクチンは東京大学医科学研究所と第一三共, DNAワクチンはアンジェス（2022年9月に開発中止）, 全粒子不活化ワクチンはKMバイオロジクス, 精製蛋白ワクチンは塩野義製薬が開発している.

のイノビオという会社が開発中です. それぞれの長所・短所を**表4.3**に示します.

mRNAワクチンとDNAワクチンは基本的な原理は同じですが, 以下のような違いがあります. すでに多くの方が経験している通り, mRNAワクチンは筋肉注射で接種され, 筋肉細胞に取り込まれて蛋白を発現します. DNAワクチンも同じく筋肉注射ですが, 外から取り込まれたDNAが細胞核内に入る機会は細胞分裂の時しかないため効率が悪く, 短い電気パルスを流すことによって核膜を可逆的に開閉させDNAを導入する方法が検討されています. 核に導入されたDNAがmRNAに転写された後, 再び核から出てリボソームで蛋白に翻訳されます. DNAワクチンは安定なため常温で保存できることや, 製造コストが安いといった長所があります. 一方, mRNAワクチンは直ちに抗原提示細胞に取り込まれ, 所属リンパ節に運ばれ免疫応答が始まります. mRNAから直接に蛋白が翻訳され免疫応答を誘導するためDNAワクチンより格段に優れているように感じられますが, mRNAは分解されやすいため脂質ナノ粒子の中に包む必要があります.

ウイルスベクターワクチンはベクターとして用いるウイルスに対して抗体を持っている（感染歴がある）と効果が低下する欠点がありますが, ヒトに感染せず交差免疫能のないチンパンジーアデノウイルスをベクターとして用いることでこの問題は解決しています. ウイルスベクターは一度開発されるとその中に搭載で

きる遺伝子を替えるだけで製造できるメリットがあり，がんの治療や遺伝子疾患の治療に広く使われた実績があります．

　遅れて従来タイプの遺伝子組換え精製蛋白のワクチンを，アメリカのノババックス社の技術支援を受けて武田薬品工業が開発し，2022年4月19日に承認されました．

　本項で述べたように，病原ウイルスの遺伝子配列さえわかれば短期間で開発・大量生産できる点が，DNA，mRNA，ウイルスベクターワクチンの最大のメリットです．I〜III章で紹介してきた長いワクチン開発の歴史をふりかえると，これがワクチン新時代の訪れであると感じられるでしょう．一方，これまでヒトに使用された経験がないため，免疫能の持続，数年経ってから感染した時にどうなるかといった長期的な安全性・有効性の評価には至っていません．新型コロナウイルスワクチンの継続的な評価はもとより，他の感染症への適用にも慎重な判断が必要となります．

■4.5.3　罹患者の免疫応答と効果の持続

　本来，ワクチン開発においては抗原の選択（4.5.1項），どのようなタイプのワクチンにするかの検討（4.5.2項）だけでなく，自然感染した場合にヒトの身体がどのような免疫応答をするかを知る必要があります．COVID-19の場合，自然感染時の免疫応答はどこまで明らかになっているのでしょうか．

　通常の血清免疫反応（病原体に感染した時の血清中の抗体の働き）では，感染初期の7〜10日頃からIgM抗体が出現し，続いてIgG抗体が産生されます．IgMは短期間で消失するのに対し，IgGは比較的長期間持続することが知られており，体内の抗体の種類を調べることは感染からどれくらい経ったかの判断にもなります．また，無症状感染者を発見することもできます．これが「抗体検査」です．しかしCOVID-19の場合，抗体の減衰が早く回復期以降急速に低下するという報告もあれば，半年は残っているという報告もあり，まだ明らかではありません．実際に，COVID-19に感染したことがあるのに抗体検査では陰性だったというケースがしばしば確認されています．

　細胞性免疫能に関しても，S蛋白だけでなくM蛋白，E蛋白といった構造蛋白やウイルス粒子内部の非構造蛋白に対する反応が報告されるなど，徐々に解明が進められているものの，まだ不明な点が多いのが現状です．

　現在使われている新型コロナウイルスワクチン（mRNAワクチン，ウイルスベクターワクチン）は，S蛋白に対するIgG抗体を誘導し（液性免疫の獲得），また細胞免疫能も誘導できるため，重症化を抑制するだけでなく感染そのものを抑えることも可能です．とはいえ，自然感染時の免疫応答の解明が済んでいない状況下で開発され，接種開始から2年程度しか経過していないため，ワクチンで誘導される免疫能の持続について十分には明らかになっていません．mRNAワクチン2回接種6カ月後の武漢株に対する中和抗体は武漢株に対して接種直後のピークの1/10に低下しており変異株のオミクロン株に対する中和活性はさらに低下していることが報告されています．米国では2回接種後180日以上ではオミクロン株に対する発症予防効果は38％に低下しており，追加接種をすることで82％と上がり，さらに入院を回避する効果は2回接種後では57％ですが，追加接種をすることで90％と向上することが報告されています．こうした結果をふまえて海外では2021年8月に3回目の追加接種を開始した国もあり，日本でも2021年12月から医療従事者を皮切りに3回目の追加接種が始まりました．

　2022年1月になると，新たな変異株オミクロン株BA.1が出現し第6波を形成するようになりました．重症化する危険性をもつ高齢者や基礎疾患（糖尿病，高血圧，心疾患，肺疾患等）を有する成人を対象に2022年5月から4回目の接種が始まりました．オミクロン変異株の拡大から変異株対応ワクチンが望まれ，BA.1株と従来株の両方に対応した2価ワクチンが開発され，2回接種済みの者を対象とする追加接種が9月末から導入されました．さらに感染力の強いBA.5株が流行すると医療従事者への感染が拡大しました．これを受けて新たにBA.4-5株対応型ワクチンが開発され，10月から接種開始しています．

■ 4.5.4 変異株の出現

　一般にコロナウイルスはウイルス遺伝子の損傷を修復する機能を持っていることが知られており，当初は新型コロナウイルスも変異は少ないものと考えられていました．しかし想定をはるかに超えて世界中に感染が拡大したことによって，次々と新しい変異株が出現しているのが現状です．

　新型コロナウイルスのようなRNAウイルスは，自身のコピーをつくって増殖しながら細胞から細胞に感染していきますが，その過程でしばしば遺伝子のコピーミスが起こります．これを変異といいます．一度のコピーミスによる違いはわ

ずかですからウイルスの性質もほとんど変わりませんが，ウイルスがさらに細胞から細胞への感染，そしてヒトからヒトへの感染を繰り返していくうちに変異が蓄積し，抗原性に変化が現れます．単純なコピーミスによる変異だけでなく，ウイルスの生存戦略ともとれるような変異も報告されています．例えば，COVID-19の罹患者に対して回復期血漿療法*7や抗体医薬による治療が行われた結果，治療を受けた患者の体内で中和抗体から逃れるような変異を獲得した株が出現してきました（図4.4）．

　こうして，ウイルスが出現してからヒトへの感染を繰り返し拡大していくうちにいくつかの変異株が出現し，そのなかで特によく増殖してヒトに感染しやすい株が残っていきます．一般に，ヒトに感染しやすい株ほど病原性は低下すると考えられています．2019年12月に武漢で出現したウイルスは瞬く間に世界に拡大し，世界各地で変異株が出現し猛威をふるってきました．出現順にギリシャ文字を振り，アルファ（α）株，ベータ（β）株…というふうに命名されています．流行地にちなんだ別名として「イギリス型」「南アフリカ型」などと呼ばれる場合もあります．それぞれの特徴は表4.4に示す通りです．出現地の名称では不利益を被る可能性が配慮され，α，β，γ，δ，…といった呼称に変わりました．

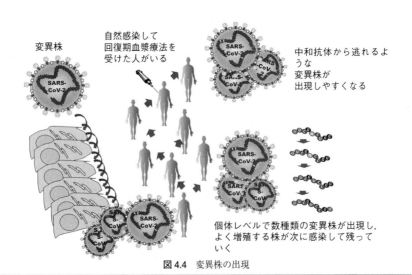

図4.4　変異株の出現

*7　COVID-19に感染し回復期にある罹患者の血漿には抗体が多く含まれるため，これを採取して他の罹患者に投与してウイルスを排除するという治療方法．

表4.4 主な変異株

	流行している国数	株	アミノ酸の変量
イギリス型	172 カ国	α	N501Y, A570D, D614G, P681H
南アフリカ型	120 カ国	β	K417N, E484K, N501Y, D614G
ブラジル型	72 カ国	γ	K417N/T, E484K, N501Y, D614G
インド型	29 カ国以上	δ	L452R, E484Q, D614G, P681R
オミクロン株（南アフリカでの変異株）	世界中に	o	スパイク蛋白領域に30箇所以上

D614G, N501Y：感染力の増加, E484K：中和抗体から逃れる変異, L452R：細胞性免疫から逃れる変異
(Eurosurveillance editorial team: Updated rapid risk assessment from ECDC on the risk related to the spread of new SARS-CoV-2 variants of concern in the EU/EEA - first update. *Euro Surveill.* 2021;26(3):2101211 より)

　なかでも強い感染力を有するデルタ（δ）株は世界で爆発的に拡大し，日本でも流行の第5波（2021年8月）を形成しました．デルタ株の病原性が高いという証拠はないものの，アルファ株と比べて入院率が約2倍であるという報告や，ハムスターを用いた実験で従来株よりも病原性が高い結果を示したという報告などがあります．デルタ株のスパイク蛋白の452の部位のアミノ酸の変異（L452R）により細胞性免疫能から逃れウイルスが排除されにくくなっていると考えられます．さらに2021年11月末に南アフリカでオミクロン（o）株が確認されました．デルタ株よりもさらに感染力が強いといわれ，瞬く間に日本を含め世界中に広がりました．またオミクロン株は変異のスピードが速く，世界各地で固有の変異株がいくつも出現しています．オミクロン株はスパイク領域に多くの変異が出現し，抗体や細胞性免疫能から逃れる変異や，細胞への融合能に影響を及ぼす変異を獲得しています．従来型の初期のウイルス遺伝子のmRNAワクチンのS蛋白との抗原性が大きくずれており，ワクチン効果が減弱したためオミクロン株対応ワクチンが導入されました．オミクロン株の変異に対応し，BA.1, BA.4-5系統に対応するワクチンが接種開始されたのは前述の通りです．

■4.5.5　ワクチン臨床治験

　全世界で数百件以上ものワクチン開発が進行しているといわれていたなかで，①モデルナ社のmRNAワクチン，②ファイザー社とビオンテック社（独）の共同開発によるmRNAワクチン，③オックスフォード大学とアストラゼネカ社の

共同開発によるウイルスベクターワクチンの3件がいち早く完成し，臨床試験を経て日本でも承認されました．本項では，ワクチン臨床試験がどのように行われたのかを解説します．

1）有効性の確認

ファイザー社を例に，どのようにワクチンの有効性が確認されたかを紹介します．図4.5のように，被験者をランダムにワクチン群とコントロール群（非接種群）に割り振り，被験者本人には自分がどちらの群に属しているのか最後までわからないようにします（無作為盲検試験）．被験者の追跡を行い，新型コロナウイルス感染者がワクチン群・コントロール群あわせて170例に達したところで試験を終了し，解析を行います．すると，ワクチン接種群では17,411例中の8例が感染発症し，一方のコントロール群では17,511例中の162例が感染発症していました．発症のリスク比は1：20，ワクチン有効率は約95％となります．

2）副反応の確認

新型コロナウイルスワクチンに採用されているDNA，mRNA，ウイルスベクターワクチンは，いずれも細胞質でmRNAを経て蛋白質を発現し，これを抗原として抗体を産生するしくみです．しかし，細胞内でmRNAが大量につくられると，自然免疫系のセンサーであるtoll様受容体（toll-like receptor: TLR）がこれを検知し，異物に対するごく普通の反応としての炎症が生じうることが予想されました．人工合成されたmRNAは生体にとっては異物と認識されて炎症反応が強く出るため，ヒトの細胞に多い修飾ウリジンを使用することで副反応が減弱しています．この修飾ウリジンを開発したのがカタリン・カリコ氏です．ハンガリー出自の女性生化学者で，アメリカに移って一貫してRNAの研究を続けていました．ハンガリーからアメリカに移住する時に全財産をテディーベアのぬい

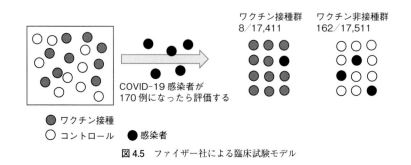

図4.5　ファイザー社による臨床試験モデル

表 4.5　日本での臨床試験の安全性

ファイザー社製

	1回目	2回目
疼痛	86.6%（2.4%）	79.3%（―）
疲労感	40.3%（9.8%）	60.3%（2.4%）
筋肉痛	14.3%（2.4%）	16.4%（―）
頭痛	32.8%（14.6%）	44.0%（12.2%）
悪寒	25.2%（4.9%）	45.7%（2.4%）
関節痛	14.3%（4.9%）	25.0%（―）
発熱	14.3%（―）	32.8%（―）

ワクチン接種者120例での頻度．（　）は偽薬接種コントロール群40例での頻度．発熱：37.5℃以上．

モデルナ社製

	1回目	2回目
疼痛	82.7%（8.0%）	85.0%（2.0%）
疲労感	18.7%（10.0%）	63.3%（8.0%）
筋肉痛	37.3%（4.0%）	49.7%（10.0%）
頭痛	13.3%（―）	47.6%（10.0%）
悪寒	5.3%（2.0%）	50.3%（―）
関節痛	8.0%（―）	32.0%（―）
発熱	2%（2%）	40.1%（―）

ワクチン接種者150例での頻度（2回目は147例）．（　）は偽薬接種コントロール群50例での頻度．発熱：38.0℃以上．
（それぞれ添付文書より）

ぐるみの中に詰めていったという逸話があります．

　ファイザー社，モデルナ社がそれぞれ日本で行った臨床試験では，**表4.5**に示すような副反応が確認されました．最も多いのが接種部位の疼痛で，そのほかにも全身反応として倦怠感や頭痛が認められ，発熱は2回接種後に30〜40%程度に出現しています．いずれも接種当日の夜から翌日にかけて出現し1〜2日で軽快します．ファイザー社製，モデルナ社製ともにワクチン2回目接種後の副反応が強く出ています．モデルナ社製ワクチンは，接種部位に掻痒感を伴う紅斑がしばしば認められ，「モデルナアーム」として知られています．しかし，いずれの副反応もヒトの身体に備わった自然免疫反応によるものと結論付けられ，緊急時の使用ワクチンとして承認されました．

■4.5.6　ワクチン接種と副反応

　程度の差はあるにせよ，前項で紹介したような副反応（疼痛，発熱など）を実際に経験した人は多いことと思います．本項では，それ以外に考えられる副反応について述べます．

1）アナフィラキシーショック

　ワクチンの供給が始まり，世界的に接種が進むにつれて臨床試験段階では認められなかったアナフィラキシー反応が報告されるようになりました．欧米では100万接種あたり2.8〜5.0例と報告されており，日本では現在まで100万接種あたり4例が報告されていてそのほとんどが女性です．

　アナフィラキシー反応の原因として，mRNAワクチンに使われている脂質ナ

ノ粒子が考えられます．この粒子の外側がポリエチレングリコール（polyethylene glycol: PEG）という水溶粘性剤に覆われており，これに対するアレルギー反応が疑われているものの証明はされていません．

2）血栓症，心筋炎

　血栓症については，アストラゼネカ社のウイルスベクターワクチンの副反応として，2021 年 4 月までに英国と EU で 3,400 万人の接種例のうち 169 例の脳静脈洞血栓症と 53 例の内臓静脈血栓症が報告されています（6.5/100 万の頻度）．ファイザー社の mRNA ワクチンでは 5,400 万接種で両疾患あわせて 35 例が報告されているものの，現時点では因果関係は明らかになっていません．血栓を防ぐヘパリンという薬を使った時にかえって血栓ができてしまう稀な症状と似ていることがわかっており，ワクチンに含まれる何らかのヘパリン類似成分が血小板（血を固める働きをする）を活性化させるのではないかと考えられています．こうした仮説以外に，血中に入ったスパイク蛋白が血管内皮に多く発現している ACE2 に結合し炎症反応を惹起し血栓ができる機序が考えられています．若い女性に発症例が多く，アストラゼネカ社のワクチンは 40 歳以上の男性と高齢者への接種に限定している国が多いようです．

　mRNA ワクチンに関しては，心筋炎の副反応が報告されています．ヨーロッパでは 2021 年 4 月だけで 6 例の心筋炎が報告されており，いずれも若い男性で 2 回目の接種後に多く認められていますが，その機序はまだ明らかとはされていません．いずれにしても頻度は極めて低いものでワクチンの効果のメリットを上回るものではなく接種が推奨されています．しかし，その後さらに若い世代にワクチン接種が進んでくると 10〜20 歳代の男性で 2 回目の接種 4 日以内の心筋炎，心外膜炎が報告されています．動悸，胸痛，息切れといった軽症例が多いようですが注意が必要です．

3）接種後の感染増強

　本来は病原体から体を守る働きをするはずの抗体が，かえってウイルス感染を促進してしまう現象（抗体依存性感染増強；ADE）がデングウイルスや RS ウイルスの罹患者でしばしば確認されています．感染により誘導された抗体が，ターゲットのウイルス粒子に結合し抗体の抗原結合部位の反対側でマクロファージに結合して，ウイルスがマクロファージ内に取り込まれて増殖しサイトカインストームを誘発することで重症化するのが ADE のメカニズムと考えられています．

SARS，MERS でも動物実験において ADE を起こすことが報告されており，SARS の近縁ウイルスである新型コロナウイルスでも ADE が起こりうるのではという予測のもと研究が進められています．実際に，大阪大学の研究グループは COVID-19 の重症患者では多くの感染増強抗体が産生されていると報告しています．一方，新型コロナウイルスは上気道や肺胞の細胞に感染するが，マクロファージ系統の細胞ではウイルスが増えにくく ADE は起こらないのではとも考えられています．

4.3.2 項で述べたように，フィリピンではデング熱ワクチン接種後に ADE とみられる現象で重症化し死亡した例が報告されています．新型コロナウイルスワクチンでも同様のことが起こりうるのではと危惧されていますが，今のところ報告はありません．

■4.5.7　ブレークスルー感染

2020 年 12 月に世界で初めて一般接種が行われて以来，新型コロナウイルスワクチンは急速に普及しました．2022 年 11 月時点で，日本国内での総接種回数は 3 億回を超え，国民の約 8 割が 2 回接種，7 割弱が 3 回接種を終えています．世界全体でみると 2022 年 10 月末で 1 回接種した人の割合は 69.8% で 2 回接種を完了した人の割合は 64.3% となっています[8]．ワクチンで誘導された抗体を含めた免疫応答が時間とともに減弱していくことは他のワクチンでもみられますが，現行の新型コロナウイルスワクチンは特に抗体の減衰が早く，また変異株の登場による抗原性の変異もありブレークスルー（ワクチン接種後に感染・発症する）が起こると考えられています．しかし，細胞性免疫や免疫能の記憶は残っていますので，感染しても軽症で経過し重症化を抑える一定の効果はあります．

■4.5.8　国産ワクチンの開発

日本で承認されているモデルナ社，ファイザー社，アストラゼネカ社製のほかに，国外ではカンシノ・バイオロジクス社（中国），ジョンソン・エンド・ジョンソン社（米国）の非増殖型アデノウイルスベクターワクチンが使われています．ロシアではプーチン政権の主導により，モスクワにあるガマレヤ記念国立疫学・

---

[8]　アフリカなど一部の地域で接種がほとんど進んでいないために接種率が低く感じられますが，実際に流行が発生している国での接種率はかなり高くなっています．

微生物学研究センターがアデノウイルスベクターワクチン「スプートニクⅤ」を開発し，世界に先駆けて2020年8月から使用を開始したことでも話題になりました．ノババックス社ではS蛋白のVLPをナノ粒子化したワクチンを開発し，米国では2021年12月に承認されました．日本ではノババックスの技術移転を受けて武田薬品工業が製造し，2022年4月19日に承認され使用されています．また，開発中のワクチンとして，従来型の全粒子不活化ワクチン（中国・シノバック・バイオテック社とシノファーム社）やDNAワクチン（米国・イノビオ社）などがあります（**図4.6**）．

「日本ではワクチンを開発しないの？」と疑問に思う人も多いことでしょう．国内ではベンチャー企業のアンジェスが大阪大学と共同でDNAワクチンの開発を進めており，大阪府の吉村知事らも「オール大阪」を掲げて支援してきました．2021年6月には第Ⅰ・Ⅱ相試験が終了しています．しかし，抗体反応が低く2022年9月には開発中止しています．KMバイオロジクス[*9]は新型インフルエンザのパンデミックが発生した場合に迅速にワクチンを開発・製造し供給できるよう備えていたため，それと同じ製法で新型コロナウイルスの全粒子不活化ワクチンを開発しました．アジュバントとして水酸化アルミニウムを採用しています．第一三共は東京大学医科学研究所との共同研究によるmRNAワクチン，塩野義製薬は精製蛋白ワクチンと，それぞれ剤型の異なるワクチンを開発中です（**図4.7**）．

国内メーカーの開発状況をまとめると（2022年12月現在），アンジェス社はDNAワクチンの開発をしていましたが2022年9月に開発を中止しました．塩野義製薬は精製蛋白を開発し2022年11月24日に申請，第一三共はmRNAワクチンを開発し申請準備，KMバイオロジクスは全粒子不活化ワクチンを開発中です．現行のワクチンでは前述の理由によりブレークスルー感染が避けられず，当面はインフルエンザのように毎年の追加接種が必要になると考えられるため，輸入に依存しない国産ワクチンの開発は必須です．

＊　　＊　　＊

本章では「現在，これからのワクチン」と題して，今後のワクチン開発に何が求められているのかを解説してきました．現在，世界的に最も関心が高く，また

[*9]　1945年に設立され，さまざまなワクチンを製造してきた化学及血清療法研究所（化血研）が，国の承認を経ずに製造方法を変更するなどの違法行為を長年続け，またそれを隠蔽してきたことが2015年の内部告発で明らかになりました．化血研は解体され，その事業を引き継いだのがKMバイオロジクスです．現在は明治ホールディングスの連結子会社となっています．

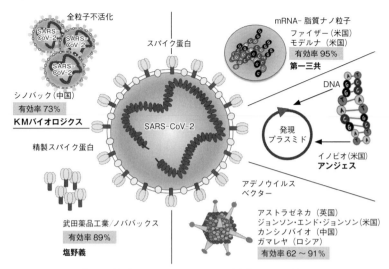

図 4.6　新型コロナウイルスワクチンをどうやってつくる?

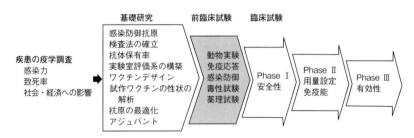

図 4.7　ワクチン開発から承認まで

試作ワクチンができると前臨床試験は主にサルに接種し,その後 I, II, III 相とヒトに拡大して検討する.
新型コロナワクチンに関して先行した 3 者のファイザー社(ビオンテック社),モデルナ社,アストラゼネ
カ社(オックスフォード大学)は SARS, MERS のワクチン開発を行っており,Phase I 試験まで進んだも
のもあったため,1 年足らずのうちに開発することができた.

力が注がれているのは新型コロナウイルスワクチンです.これまで多くのヒトに
接種されたことのないタイプのワクチンであるため,いうまでもなくその安全性
と免疫能の持続を長期的に評価しつつ,改良を進めていく必要があります.
COVID-19 の世界的パンデミックによって他の感染症への関心がやや薄れてい
ますが,いまなおワクチンのない感染症のワクチン開発も急がれます.感染症研
究者,製薬メーカーをはじめ関係者が一丸となり,より安全で効果の高いワクチ
ンの実用化を目指して日夜努力を続けています.地球上に感染症がなくならない
かぎり,ワクチンの研究に終わりはありません.

お わ り に

　筆者は1950年ワクチンの黎明期に生まれ，3歳の時に麻疹で入院し，小学1年生ではムンプスに罹患し片側性高音部難聴の合併症を発症しました．高校1年生の時には風疹に罹患したり，卒業後は百日咳に罹患し家族内感染の引き金になったりと，あらゆる感染症に対して自然感染による免疫を獲得しました．世代的にワクチンの恩恵にめぐまれなかったものの，大学を卒業して小児科医として総合病院に勤務し，その後ウイルスの基礎研究の世界に入りました．それから今日に至るまで，ワクチンの研究に身を置くことになりました．

　亡くなった母には「患者さんから学んだり，今までに学んだことは社会に還元すること」といわれてきました．定年退職して数年後，朝倉書店編集部から本書の企画の提案があり，これは親孝行できる機会であろうと考え筆を執りました．そのようななかで新型コロナウイルス感染症が勃発したために，時間がかかりましたが脱稿に漕ぎつけることができました．解りやすい文章に編集していただいた朝倉書店編集部の諸氏に深く感謝します．さらに，自由な研究生活を支えてくれた家族にはより深く感謝の意を表したいといつも思っています．

中 山 哲 夫

参考文献

伊藤恭子編著：くすり博物館収蔵資料集④はやり病の錦絵，内藤記念くすり博物館，2001

大谷　明，三瀬勝利，田中慶司：ワクチンと予防接種の全て（改訂第2版），金原出版，2013

岡部信彦，中山哲夫，多屋馨子，中野貴司，細矢光亮，齋藤昭彦：予防接種の手びき 2022-2023年版，近代出版，2022

加藤茂孝：人類と感染症の歴史—未知なる恐怖を超えて，丸善出版，2013

加藤四郎：小児を救った種痘学入門—ジェンナーの贈り物，創元社，2016

河合　敦：「お寺」で読み解く日本史の謎（PHP文庫），PHP研究所，2017

日本ワクチン学会編集：ワクチン—基礎から臨床まで，朝倉書店，2018

帚木蓬生：天に星 地に花（集英社文庫），上下，集英社，2017

深瀬泰旦：わが国はじめての牛痘種痘 楢林宗建（肥前佐賀文庫2），出門堂，2006

水谷哲也：新型コロナウイルス—脅威を制する正しい知識，東京化学同人，2020

宮田雄祐ほか：薬剤の種類と頻回注射の意義．注射による筋短縮症（注射による筋短縮症全国自主検診医師団学術調査委員会編），三一書房，1996

山崎修道監修：日本のワクチン—開発と品質管理の歴史的検証，医薬ジャーナル社，2014

吉成河法吏，安江　博：新型コロナとの死闘，Part 1〜4，医薬経済社，2021-2022

吉村　昭：雪の花（新潮文庫），新潮社，1988

吉村　昭：北天の星（講談社文庫），上下，講談社，2000

Artenstein, A. W.: Vaccines: A Biography, Springer, 2009

Brock, T. D. 著，長木大三，添川正夫訳：ローベルト・コッホ—医学の原野を切り拓いた忍耐と信念の人，シュプリンガー・フェアラーク東京，1991

Crosby, A. W. 著，西村秀一訳：解説．史上最悪のインフルエンザ—忘れられたパンデミック，みすず書房，2004

Gingerich, O. 編集代表，Robbins, L. E. 著，西田美緒子訳：ルイ・パスツール—無限に小さい生命の秘境へ（オックスフォード科学の肖像），大月書店，2010

Jannetta, A. 著，廣川和花，木曾明子訳：種痘伝来—日本の〈開国〉と知の国際ネットワーク，岩波書店，2013

Plotkin, S. A.: History of Vaccine Development, Springer, 2011

索　　引

■欧　字

A型肝炎ワクチン　151, 168
ADEM　28, 31, 116, 145

B型肝炎　145
B型肝炎ウイルス　146
B型肝炎母子感染防止事業
　　149
B型肝炎ワクチン　24, 34, 41,
　　147, 169, 177
B細胞　15
B細胞受容体　15
BCGワクチン　41, 86, 91

COVID-19　180, 183, 184
CTL　11, 15
CPE　4

DNAワクチン　187
DPTワクチン　23, 29
DPT-IPVワクチン　41, 98
DTワクチン　138, 143
DTaPワクチン　138
DTwPワクチン　137, 138

EPI　97

GMP基準　87

H1N1型インフルエンザウイル
　　ス　155, 162
H2N2型インフルエンザウイル
　　ス　155
H3N2型インフルエンザウイル
　　ス　155
H5N1型インフルエンザウイル
　　ス　161
H7N9型インフルエンザウイル
　　ス　161
HBs抗原　148

Hib感染症　127
Hibワクチン　25, 41, 128
HPV　163
HPVワクチン　24, 26, 164, 177
HPVワクチン関連神経免疫症
　　候群　167

IgG抗体　188
IgM抗体　188

LAMP法　136

MERS　173, 183
MMRワクチン　32, 35, 110,
　　116, 117
MMRVワクチン　121
MRワクチン　42, 110
mRNAワクチン　174, 187

PCVワクチン　41
PCV7ワクチン　25, 131
PCV13ワクチン　131
PRP抗体　128

RBD　185
RSV（RSウイルス）　172
RSV感染症ワクチン　172

SARS　173, 180, 183
SARS-CoV-2　1, 180
SSPE　9

T細胞　15
Tdapワクチン　139
TLR　192
toll様受容体　192

VLP　177
VPD　37

■あ　行

亜急性硬化性全脳炎　101
アジア風邪　152
アジュバント　14, 22, 23, 141
アジュバント誘発自己免疫疾患
　　166
アナフィラキシー反応　28, 193
アーミッシュ　36
蟻田功　68
アルミニウムアジュバント　23,
　　30, 141
アルメイダ, J.　182
アレルギー反応　28
アンジオテンシン変換酵素
　　181
安定剤　21

『医宗金鑑』　62
一次ウイルス血症　99
Ⅰ相試験　197
遺伝子組換え精製蛋白ワクチン
　　14, 188
遺伝子組換えワクチン　178
伊東玄朴　65
医薬品副作用被害救済制度　41
イワノフスキー, D.　4
インフルエンザ　151
　　季節性――　158
　　新型――　161
インフルエンザウイルス　4,
　　126, 151
インフルエンザ桿菌　126
インフルエンザ桿菌b型　126
インフルエンザ脳症　156
インフルエンザワクチン　20,
　　24, 44, 151, 167

ウイルス　4
ウイルス性肝炎　145
ウイルスベクターワクチン

178, 186

エアロゾル感染　183
液性免疫　12
エルサン，A.　79
エンベロープ蛋白　8
エンベロープ　176

黄熱　87, 170
黄熱ワクチン　90, 170, 179
緒方洪庵　66
緒方春朔　62
オーストラリア抗原　147
おたふくかぜ　113
オミクロン株　191

■か　行

開口障害　141
核酸ワクチン　178, 186
獲得免疫　11
笠原良策　65
合併症　114, 156
河岡義裕　155
感染　1
感染症　1
感染症法　1
寒天培地　80

寄生虫　3
季節性インフルエンザ　158
北里研究所　85
北里柴三郎　77, 81, 141
偽膜　140
キメラウイルスワクチン　179
逆ワクチン学　179
キャッチアップ接種　26
急性灰白髄炎　94
急性散在性脳脊髄炎　28, 116,
　　145
久蔵　63
牛痘　53, 57
狂犬病　75, 169
狂犬病ワクチン　74, 75, 169
キラーT細胞　15

ギラン・バレー症候群　156
緊急事態宣言　180
筋拘縮症　48
筋肉注射　48

組換え蛋白ワクチン　177
空気感染　7, 91, 99, 120, 175
桑田立斎　65

結核　7, 86, 91, 170
結核菌　86
結核予防法　93
結核ワクチン　86
結合型ワクチン　14, 128
結合蛋白　22
血小板減少性紫斑病　112
　特発性——　28
血清療法　79, 141
血栓症　178, 194
顕性感染　10

抗HBsヒト免疫グロブリン
　　147
抗インフルエンザ薬　156
抗原エピトープ　15
抗原シフト　153
抗原提示細胞　15
抗原ドリフト　153
交差反応　28
抗体　81
抗体依存性感染増強　173, 194
抗体検査　188
抗体産生　15
高病原性鳥インフルエンザ
　　161
抗ヘルペス薬　122
国産ワクチン　195
国立伝染病研究所　85
国家検定　18
コッホ，R.　77
コッホ現象　93
コッホの4原則　81
コレラ　7, 78
コロナウイルス　181

■さ　行

細菌　3
再興感染症　119
サイトカイン　15
サイトカインストーム　155,
　　184
細胞傷害性T細胞　11, 15
細胞性免疫　12
細胞変性効果　5, 17
サブユニット　177
サル痘　69
Ⅲ相試験　197

ジェンナー，E.　53
子宮頸がん　163
自己免疫応答　28
自然発生説　70
自然免疫　10
持続感染　11, 12
指定感染症　2
ジフテリア　79, 84, 140
ジフテリア菌　80, 140
ジフテリア・破傷風混合ワクチ
　　ン　138, 143
ジフテリア・破傷風・百日せき
　　三種混合ワクチン　138,
　　140
自閉症　33
弱毒生ワクチン　27
重症急性呼吸器症候群　173,
　　180, 183
修飾麻疹　101
樹状細胞　15
種痘　53
種痘後脳炎　27
種痘所　66
種痘法　60
主要組織適合抗原複合体　15
受容体　8
受容体結合領域　185
常在細菌叢　1
新型インフルエンザ　161
新型インフルエンザ等感染症
　　3

新型インフルエンザ等対策特別
　　措置法　46
新型コロナウイルス　180
新型コロナウイルス感染症　1
新型コロナウイルスワクチン
　　178, 184, 192
真菌　3
心筋炎　194
新興感染症　46, 180
新生児百日咳　139
人痘接種法　56
新臨時接種　46

垂直感染　8
水痘　7, 11, 120
水痘ウイルス　120
水痘ワクチン　41, 12
水平感染　8
スプリット型不活化ワクチン
　　159
スペイン風邪　152

性感染症　8
生物兵器　69
赤血球凝集抗原　152
赤血球凝集素蛋白　109
ゼラチン　21, 28
線維筋痛症　166
全菌体不活化ワクチン　136
先天性風疹症候群　8, 108
セントラルドグマ　185
センメルヴェイス, I. F.　71

ソーク, J.　62, 96
ソ連風邪　152

■た　行

体位性頻脈症候群　167
帯状疱疹　11, 121
帯状疱疹ワクチン　177
タイラー, M.　88
高橋理明　121
炭疽菌　69, 74, 78
炭疽病　74

炭疽病ワクチン　74

チメロサール　22, 30, 33
中東呼吸器症候群　173, 183
腸重積　123

ツベルクリン反応　86, 93

低温殺菌法　71
定期接種　40
「鉄の肺」　94
添加物　20
デング熱ワクチン　179
天然痘　54
天然痘根絶計画　67
天然痘根絶宣言　62
天然痘ワクチン　69

東京オリンピック　181
トキソイドワクチン　14, 141
特発性血小板減少性紫斑病　28
トーベンバーガー, J.　154
ドラベ症候群　137
トラベラーズワクチン　145,
　　167
鳥インフルエンザ　161
努力義務　44

■な　行

中川五郎治　63
名古屋スタディ　167
ナチュラルキラー細胞　10
生ワクチン　12, 17, 96, 103,
　　176, 179
楢林宗建　64
難聴　114, 119

二次ウイルス血症　99
II相試験　197
日本脳炎　143
日本脳炎ウイルス　142
日本脳炎ワクチン　144
乳頭腫　163
二類感染症　2

ニワトリコレラ　72
任意接種　40

ノイラミニダーゼ　152
ノイラミニダーゼ阻害薬　157
野口英世　88
ノロウイルス　175
ノロウイルスワクチン　174

■は　行

肺炎球菌　130
肺炎球菌ワクチン　132
バキュロウイルス　29
曝露後ワクチン接種　170
破傷風　82, 141
破傷風菌　82, 141
破傷風ワクチン　168
パスチャライゼーション　71
パスツール, L.　70, 130
パピローマウイルス　163
バリオレーション　56
パンデミック　154
パンデミック宣言　180

皮下接種　48
ヒトパピローマウイルス　163
日野鼎哉　65
飛沫核　6, 91
飛沫核感染　120
飛沫感染　7, 183
百日咳　133
百日咳菌　133
百日咳毒素　134
百日せきワクチン　28, 137
病原微生物　3

風疹　108
風しんワクチン　109
2-フェノキシエタノール　30
不活化剤　22
不活化ワクチン　13, 18, 27, 95,
　　176
　　スプリット型──　159
　　全菌体──　136

複合性局所疼痛症候群　166
副反応　26, 37, 160, 166, 192, 193
不顕性感染　10
ブースター効果　106
豚インフルエンザ　161
プラズマ細胞　15
プラットフォーム　185
ブランバーグ，B. S.　147
フルティン，J.　154
ブレインフォグ　167
ブレークスルー感染　195

ペスト菌　79
ベーリング，E.　83, 141
ヘルパーT細胞　15
変異株　189

防腐剤　22
母子感染　8, 147
ポリオ　94
ポリオウイルス　94
ポリオワクチン　19, 62, 96
ホルマリン　22, 30
香港風邪　152, 155

■ま　行

マクロファージ筋膜炎　167
正岡子規　91
麻疹　7, 99
麻疹ウイルス　99
麻疹脳炎　101

麻しん・風しん二種混合ワクチン　41, 110
麻しん・風しん・ムンプス三種混合ワクチン　32, 110, 116
麻しんワクチン　102, 104
マラリア　3

みずぼうそう　120

無菌性髄膜炎　32, 110
無細胞型百日せきワクチン　139
無作為盲検試験　192
ムンプス　113
ムンプスウイルス　113
ムンプス単味ワクチン　42
ムンプスワクチン　115

免疫原性　14
メンタルフォグ　167

モデルナアーム　193

■や　行

有害事象　26
有効性　192
輸出感染　105
ユニバーサルワクチン　150, 163
輸入感染　105

予防接種拡大計画　107, 112

予防接種法　40, 44, 104, 158

■ら　行

卵アレルギー　29
蘭方医　63

流行性耳下腺炎　113
リューベック事件　87
臨床試験　192
リンパ球　15

ルー，E.　79

レーウェンフック，A.　3, 70
レギュラトリーT細胞　15
レセプター　8

濾過性微小病原体　4
ロタウイルス　122
ロタウイルスワクチン　26, 42, 123, 179

■わ　行

ワクチン　12, 59
　　——で予防できる疾患　37
ワクチン開発　195
　　——のプラットフォーム　176
ワクチン忌避　36
ワクチンギャップ　46
ワクチン有害事象報告制度　27

著者略歴

中山哲夫
（なかやまてつお）

1950 年　高知県に生まれる
1976 年　慶應義塾大学医学部卒業
　　　　慶應義塾大学医学部小児科学教室入局
1978 年　東京都済生会中央病院小児科勤務
1992 年　社団法人北里研究所ウイルス部入所
2001 年　北里大学北里生命科学研究所ウイルス感染制御学研究室教授
現　在　北里大学大村智記念研究所特任教授（2014 年より）

歴史から読み解く ワクチンのはなし
　—新たなパンデミックに備えて—　　　　　　　　定価はカバーに表示

2023 年 3 月 1 日　初版第 1 刷

著　者　中　山　哲　夫

発行者　朝　倉　誠　造

発行所　株式会社　朝　倉　書　店

東京都新宿区新小川町 6-29
郵 便 番 号　162-8707
電　話　03（3260）0141
F A X　03（3260）0180
https://www.asakura.co.jp

〈検印省略〉

© 2023 〈無断複写・転載を禁ず〉　　　　シナノ印刷・渡辺製本

ISBN 978-4-254-10300-7　C 3040　　　　Printed in Japan